软件测试流程设计

从传统到敏捷

51Testing 软件测试网◎组编
51Testing 教研团队◎编著

人民邮电出版社

北 京

图书在版编目（CIP）数据

软件测试流程设计：从传统到敏捷 / 51Testing软件测试网组编；51Testing教研团队编著. -- 北京：人民邮电出版社，2020.1

ISBN 978-7-115-52197-2

Ⅰ. ①软… Ⅱ. ①5… ②5… Ⅲ. ①软件－测试 Ⅳ. ①TP311.55

中国版本图书馆CIP数据核字(2019)第223956号

内 容 提 要

本书旨在讲述测试的方法、流程和敏捷项目管理。本书共 5 章，主要讲述了如何设计测试用例，测试计划应该包含哪些内容，如何编写测试计划，如何设计测试用例，如何实现敏捷的项目管理。

本书适合测试人员和开发人员阅读，也可供相关专业人士参考。

- ◆ 组　　编　51Testing 软件测试网
　　编　　著　51Testing 教研团队
　　责任编辑　谢晓芳
　　责任印制　焦志炜
- ◆ 人民邮电出版社出版发行　　北京市丰台区成寿寺路 11 号
　　邮编　100164　　电子邮件　315@ptpress.com.cn
　　网址　http://www.ptpress.com.cn
　　三河市君旺印务有限公司印刷
- ◆ 开本：800×1000　1/16
　　印张：12
　　字数：200 千字　　　　　　　　　2020 年 1 月第 1 版
　　印数：1–3 000 册　　　　　　　　2020 年 1 月河北第 1 次印刷

定价：59.00 元

读者服务热线：(010) 81055410　印装质量热线：(010) 81055316
反盗版热线：(010) 81055315
广告经营许可证：京东工商广登字 20170147 号

前　言

为什么编写本书

现在，我们的生活和工作已经离不开软件，软件的使用范围越来越广，人们受软件质量的影响就越来越大，人们需要高质量的软件。软件测试的必要性和重要性在不断提升，软件行业对测试工程师的测试技能要求也在不断提高。

目前各大院校并没有设立软件测试专业，软件测试方法也只能通过图书学习，而软件测试方面的大多数图书是翻译版图书，其中对于一些技术和术语的描述可能存在偏差，增加了学习的难度。本书是 51Testing 教研团队基于丰富的教学经验编写的，语言通俗易懂，大大提高了可读性。

本书内容

本书共分为 5 章。

第 1 章讲述了测试设计中的两大方法，即黑盒测试方法与白盒测试方法。好的设计可以让测试工作事半功倍，对后续的测试实现和测试执行工作有重要的指导意义。第 1 章以黑盒测试用例设计方法开篇，从业务角度和用户角度讨论如何对软件系统进行设计。白盒测试用例设计方法用于对软件系统内部结构进行测试，需要有编写代码的基础，读者在学习这部分内容的时候可以先了解一些编程语言方面的知识。

第 2～4 章讲述软件测试的流程。软件测试与软件开发都有自己的生命周期，都会按照既定的过程开展相应的工作。这 3 章以系统测试阶段为例描述了具体的测试工作是如何完成的。

在工作和生活中，经常需要制订计划。第 2 章以一个旅行计划的制订为例讲述了测试计划需要涵盖的内容。

第 3 章介绍了测试人员如何编写测试用例、执行测试。读者在学习时可以换位思考，假设自己是一名刚刚入职的测试工程师，希望得到一份什么样的测试指导文件，或者要去一个陌生的国家旅游，想要一份什么样的旅游攻略，换一种方法学习有助于更好地理解该章的内容。

第 4 章以系统测试的概念为切入点，对测试用例分析、设计的过程与软件质量模型进行了综合讲解。以 Word 软件为例讲述了用例设计的思路。读者在学习该章内容时可以根据书中的例子进行演练。

第 5 章介绍敏捷项目管理。在信息时代，需求变化更快，交付周期成为企业的核心竞争力，轻量级的、更能适应变化的敏捷软件开发方法被普遍认可并迅速流行。这也有助于在软件开发过程中弥补传统模型的不足。第 5 章以划龙舟为例描述了一个敏捷的项目管理过程，通过对比传统管理方式与敏捷管理方式，读者能够更准确地理解敏捷项目管理的理念与原则。

本书特色

本书具有以下特色。

- 内容通俗易懂：对专业术语进行了通俗的解释，对每个方法、原则以及每个测试活动的输出都用具体的例子加以说明。

- 案例丰富：每一个知识点都配有多个案例，并且对案例的每个操作步骤进行了详尽的讲述。

读者对象

本书读者对象如下。

- 测试人员和开发人员；
- 对软件测试感兴趣的人，如项目经理、质量经理、软件开发经理、业务分析师、IT 主管等。

作 者 简 介

　　51Testing 软件测试网是专业的软件测试服务供应商，为上海博为峰软件技术股份有限公司旗下品牌，是国内人气非常高的软件测试门户网站。51Testing 软件测试网始终坚持以专业技术为核心，专注于软件测试领域，自主研发软件测试工具，为客户提供全球领先的软件测试整体解决方案，为行业培养优秀的软件测试人才，并提供开放式的公益软件测试交流平台。51Testing 软件测试网的微信公众号是"atstudy51"。

服务与支持

本书由异步社区出品，社区（https://www.epubit.com/）为您提供后续服务。

提交勘误

作者和编辑尽最大努力来确保书中内容的准确性，但难免会存在疏漏。欢迎您将发现的问题反馈给我们，帮助我们提升图书的质量。

当您发现错误时，请登录异步社区，按书名搜索，进入本书页面，单击"提交勘误"，输入勘误信息，单击"提交"按钮即可（见下图）。本书的作者和编辑会对您提交的勘误进行审核，确认并接受后，您将获赠异步社区的 100 积分。积分可用于在异步社区兑换优惠券、样书或奖品。

扫码关注本书

扫描下方二维码，您将会在异步社区微信服务号中看到本书信息及相关的服务提示。

与我们联系

我们的联系邮箱是 contact@epubit.com.cn。

如果您对本书有任何疑问或建议，请您发邮件给我们，并请在邮件标题中注明本书书名，以便我们更高效地做出反馈。

如果您有兴趣出版图书、录制教学视频，或者参与图书翻译、技术审校等工作，可以发邮件给我们；有意出版图书的作者也可以到异步社区在线提交投稿（直接访问www.epubit.com/selfpublish/submission 即可）。

如果您所在学校、培训机构或企业想批量购买本书或异步社区出版的其他图书，也可以发邮件给我们。

如果您在网上发现有针对异步社区出品图书的各种形式的盗版行为，包括对图书全部或部分内容的非授权传播，请您将怀疑有侵权行为的链接发邮件给我们。您的这一举动是对作者权益的保护，也是我们持续为您提供有价值的内容的动力之源。

关于异步社区和异步图书

"异步社区"是人民邮电出版社旗下 IT 专业图书社区，致力于出版精品 IT 技术图书和相关学习产品，为作译者提供优质出版服务。异步社区创办于 2015 年 8 月，提供大量精品 IT 技术图书和电子书，以及高品质技术文章和视频课程。更多详情请访问异步社区官网 https://www.epubit.com。

"异步图书"是由异步社区编辑团队策划出版的精品 IT 专业图书的品牌，依托于人民邮电出版社近 30 年的计算机图书出版积累和专业编辑团队，相关图书在封面上印有异步图书的 LOGO。异步图书的出版领域包括软件开发、大数据、AI、测试、前端、网络技术等。

异步社区

微信服务号

目　　录

第1章 测试用例设计方法

测试用例设计方法包括黑盒测试用例设计方法和白盒测试用例设计方法，下面分别进行介绍。

1.1 黑盒测试用例设计方法

黑盒测试用例设计方法包括等价类划分法、边界值分析法、判定表法、因果图法、正交试验法、状态迁移图法、流程分析法、输入域测试法、输出域分析法、异常分析法和错误猜测法等，下面进行详细介绍。

1.1.1 等价类划分法

1. 什么是等价类划分法

等价类划分法是一种典型的黑盒测试设计方法。该方法主要针对测试子项进行规格分析，然后获得用例，而不用对系统内部处理进行深入了解，也是目前测试设计过程中普遍使用的一种方法。等价类划分法是将系统的输入域划分为若干部分，然后从每个部分中选取少数有代表性的数据进行测试，这样可以避免穷举法产生的大量用例。

等价类是指某个输入域的子集合。在该子集合中，各个输入数据用来揭示软件中的错误都是等效的，并且合理地假定测试某等价类的代表值就等价于对这一类其他值的测试。因此，把全部输入数据合理地划分为若干等价类，在每一个等价类中取一个数据作为测试的输入条件，就可以用少量代表性的测试数据取得较好的测试结果。

等价类划分有两种不同的情况——有效等价类和无效等价类。

- 有效等价类：对于系统的规格说明来说，由合理的、有意义的输入数据构成的集合。利用有效等价类可检验程序是否实现了规格说明中所规定的功能和性能。

- 无效等价类：对于系统的规格说明来说，由不合理的、无意义的输入数据构成的集合。

在设计测试用例时，要同时考虑这两种等价类，因为软件不仅要能接收合理的数据，还要能经受意外的考验，这样的测试才能确保软件具有更高的可靠性。

2. 如何使用等价类划分法

等价类划分法的具体实施步骤如下。

（1）划分等价类。

这里等价类的划分基于特性测试子项所对应的软件需求规范（Software Requirement Specification，SRS）片段。可以参考下面几条原则。

① 在输入条件规定了取值范围或值的个数的情况下，可以确立一个有效等价类和两个无效等价类。

例如，在 $1<x<5$ 中，一个有效等价类为 $1<x<5$，两个无效等价类为 $x\geqslant5$ 和 $x\leqslant1$。

② 在输入条件规定了输入值的集合或者规定了必须如何操作的情况下，可以确立一个有效等价类和一个无效等价类。

例如，规定字段"周"是输入周几，则该输入条件的一个有效等价类是输入的值属于从周一到周日的集合，一个无效等价类是输入的值不属于周一到周日的其他值。

③ 在输入条件是一个布尔量的情况下，可以确定一个有效等价类和一个无效等价类。

例如，对于性别，如果规定输入"男"为有效，则一个有效等价类为"男"，一个无效等价类为"女"。

④ 在规定了输入数据的一组值（假定有 n 个）并且程序要对每一个输入值分别进行处理的情况下，可以确立 n 个有效等价类和一个无效等价类。

例如，在 Word 中编辑的某文档的简体中文字体要求是楷体、黑体、宋体、隶书和微软雅黑。每种字体都会显示不同的字体样式。这里 $n=5$，可以确定 5 个有效等价类和一个无效等价类。5 个有效等价类就是楷体、黑体、宋体、隶书和微软雅黑；一个无效等价类就是不属于这 5 类中的其他字体。

⑤ 在规定了输入数据必须遵守的规则的情况下，可确立一个有效等价类符合规则和若干个无效等价类从不同角度违反的规则。

例如，用户名的规则是长度为 6～16 个字符，由英文和数字组成。此时，一个有效等价类是符合长度和字符类型的字符串，如 test123。若干个无效等价类可以包括长度不符合要求的等价类（如 test1、test1234567890123456），字符类型不符合要求的等价类（如 test@123、test 123 等）。

⑥ 在已划分的等价类中，若各元素的处理方式不同，则应再将该等价类进一步划分为更小的等价类。

例如，对于考试分数（100 分制）而言，有效等价类为高于或等于 60 分，无效等价类为低于 60 分。

根据考试成绩的相关规定和后续的处理方式，还可以进一步划分。例如，有效：60～80 分为合格，80 分以上为优秀；无效：50～59 分需要补考，低于 50 分需要重修。

在划分过程中，划分结果可以填写到表 1-1 中。

表 1-1　等价类的划分结果

输入编号	输入名称	有效等价类	有效等价类编号	无效等价类	无效等价类编号

（2）确定测试用例。

从划分出的等价类中，按以下 3 条原则设计测试用例。

① 为每一个等价类规定一个唯一的编号。

② 设计一个新的测试用例，使其尽可能多地覆盖尚未覆盖的有效等价类，重复这一步，直到所有的有效等价类都被覆盖为止。

③ 设计一个新的测试用例，使其仅覆盖一个尚未覆盖的无效等价类，重复这一步，直到所有的无效等价类都被覆盖为止。

把等价类测试用例选取的数据填写到表 1-2 中。

表 1-2　等价类测试用例选取的数据

用例编号	测试用例	覆盖的等价类编号

3. 案例 1-1

现有一个档案管理系统，允许用户通过输入年、月对档案文件进行检索。系统关于查询条件年、月的输入限定为 1990 年 1 月到 2049 年 12 月，并规定日期由 6 位数字组成，前 4 位表示年，后两位表示月。

现用等价类划分法设计测试用例，用来测试程序的"日期检查功能"。

（1）划分等价类并编号，表 1-3 为等价类划分的结果。

表 1-3 档案管理系统等价类划分的结果

输入等价类	有效等价类	无效等价类
日期的类型及长度	①有 6 位数字字符	②有非数字字符
		③少于 6 位数字字符
		④多于 6 位数字字符
年份范围	⑤介于 1990～2049（包含边界值）	⑥小于 1990
		⑦大于 2049
月份范围	⑧介于 01～12（包含边界值）	⑨等于 0
		⑩大于 12

（2）设计测试用例，以便覆盖所有的有效等价类。

测试数据	期望结果	覆盖的有效等价类
200211	输入有效	①、⑤、⑧

（3）考虑测试用例设计角度，以便覆盖所有的无效等价类。

测试数据	期望结果	覆盖的无效等价类
95June	无效输入	②
20036	无效输入	③
2001006	无效输入	④
198912	无效输入	⑥
205901	无效输入	⑦
200100	无效输入	⑨
200113	无效输入	⑩

4. 案例 1-2

某保险公司承担人寿保险，该公司保费计算方式为投保额×保险费率，保险费率又因点数不同而有区别，10 点及以上保险费率为 0.6%，10 点以下保险费率为 0.1%。

参保人的信息和对应的点数如表 1-4 所示。

表 1-4　人寿保险的输入

参保人的信息		点数
年龄	20～39 岁	6
	40～59 岁	4
	60 岁及以上，20 岁以下	2
性别	Male 或 M	5
	Female 或 F	3
婚姻状况	已婚	3
	未婚	5
抚养/抚养人数	空白或一位数字	一个人扣 0.5 点，最多扣 3 点（四舍五入取整数）

（1）分析输入数据的形式。

- 年龄：一或两位数字。

- 性别：以英文 Male（或 M）、Female（或 F）表示。

- 婚姻状况：已婚、未婚。

- 抚养人数：空白或一位数字。

- 保险费率：10 点及以上，10 点以下。

（2）划分输入数据。人寿保险的输入条件分析参见表 1-5。

表 1-5 人寿保险的输入条件分析

年龄	数字范围	1～99 岁
	等价类	20～39 岁
		40～59 岁
		60 岁及以上，20 岁以下
性别	类型	性别的英文集合
	等价类	类型：英文
		集合：[Male][M]
		集合：[Female][F]
婚姻状况	等价类	已婚
		未婚
抚养/抚养人数	选择项	抚养/抚养人数可以有，也可以没有
	范围	1～9
	等价类	空白
		1～6 人
		7～9 人
保险费率	等价类	10 点及以上
		10 点以下

（3）设计输入数据。人寿保险等价类的划分参见表 1-6。

表 1-6 人寿保险等价类的划分

	有效等价类	无效等价类	无效等价类
年龄	20～39 岁中任选一个		
	40～59 岁中任选一个		
	60 岁及以上，20 岁以下任选一个	小于 1，选一个	大于 99，选一个
性别	Male、M、F、Female 中任选一个	非英文，如[男]	
	Male、M 中任选一个	非 Male、M、Female、F 的任意字符（串），如[Child]	
	Female、F 中任选一个	非 Male、M、Female、F 的任意字符（串），如[Child]	
婚姻	[已婚]		
	[未婚]		

续表

	有效等价类	无效等价类	无效等价类
抚养/抚养人数	空白		
	1～6	小于 1，选一个	
	7～9	大于 9，选一个	
保险费率	10 点及以上（0.6%）		
	10 点以下（0.1%）		

（4）根据以上分析设计测试用例。人寿保险的测试用例参见表 1-7。

表 1-7　人寿保险的测试用例

用例编号	年龄	性别	婚姻状况	抚养/抚养人数	保险费率	备注
1	27	Female	未婚	空白	0.6%	有效 年龄：20～39 岁 性别：集合[Female,F] 婚姻：集合[未婚] 抚养/抚养人数：空白 保险费率：0.6%
2	50	Male	已婚	2	0.6%	有效 年龄：40～59 岁 性别：集合[Male,M] 婚姻：集合[已婚] 抚养/抚养人数：1～6 保险费率：0.6%
3	70	F	未婚	7	0.1%	有效 年龄：60 岁及以上或 20 岁以下 性别：集合[Female,F] 婚姻：集合[未婚] 抚养/抚养人数：6 人以上 保险费率：0.1%
4	0	M	已婚	4	无法推算	年龄类无效，无法推算
5	100	Female	未婚	5	无法推算	年龄类无效，无法推算
6	1	男	已婚	6	无法推算	性别类无效，无法推算
7	99	Child	未婚	1	无法推算	性别类无效，无法推算
8	30	Male	离婚	3	无法推算	婚姻类无效，无法推算
9	75	Female	未婚	n	无法推算	年龄类无效，无法推算
10	17	Male	已婚	10	无法推算	抚养/抚养人数类无效，无法推算

5. 等价类划分法的实际应用

等价类划分法主要应用在功能测试、性能测试、图形用户界面（Graphic User Interface，GUI）测试和配置测试等类型测试中。前面提到的示例都是功能测试，下面简单介绍性能测试、GUI 测试和配置测试。

关于性能测试，这是针对 Word 打开文档的时间进行测试，不同内容的文档打开的时间会有所不同。作为测试工程师，不可能把用户所有可能用到的文档都测试到，因此需要借助等价类划分的方法将这些文档进行归类，可以分为纯文字的文档、全是图片的文档、全是表格的文档，以及文字、图片和表格混合的文档。

关于 GUI 测试，这里针对图 1-1 中的"文件名"文本框输入回显字符的测试。此时，可以考虑输入文件名长度小于文本框的长度、输入文件名长度大于文本框的长度、输入英文字母、输入汉字和输入的汉字在文本框边沿等，这就是等价类划分。

输入不同的文件名，如长度
不同的字母或者汉字等

▲图1-1 "文件名"文本框

关于配置测试，这里针对网页在不同浏览器上的功能、性能、GUI 等进行测试。考虑到浏览器有 Internet Explorer（IE）、傲游、MyIE、Firefox、Safari 和 Chrome 等不同种类，而且不同的浏览器有不同的版本，如果都进行测试，那么工作量是很大的，这就需要对这些浏览器进行归类。通过分析这些浏览器的技术实现可以发现，Internet Explorer、傲游、MyIE 等属于 Trident 内核，可以归成一类；Firefox 属于 Gecko 内核，可以归成一类；Safari、Chrome 属于 Webkit 内核，可以归成一类。

常见的能够划分等价类的地方有：

- 数值范围；

- 重复次数；

- 字符串长度；

- 字符串组中字符串的个数；

- 文件命名；

- 文件大小；

- 可用内存大小；

- 屏幕分辨率；

- 屏幕颜色种类；

- 操作系统版本；

- 超时时间。

6. 总结

等价类划分法以效果来换取效率，其细分程度、等价类组合程度取决于进度和人力资源。只要等价类划分法考虑了针对每个输入的每种情况的测试用例，就认为达到了充分性。但不考虑各情况的组合，等价类要想用得好，关键是要把输入背后隐藏的信息从各个角度进行分类。

7. 练习

练习 1-1　在各种输入条件下，测试预订机票的 Login 对话框（见图 1-2）功能。

▲图 1-2　预订机票的 Login 对话框

关于 Agent Name 和 Password 的规则如下。

（1）长度为 6～10 位（含 6 位和 10 位）。

（2）由字符（a～z、A～Z）和数字（0～9）组成。

（3）不能为空，不能包含空格和特殊字符。

练习 **1-2**　设计一个程序，读入 3 个整数，并把这 3 个数值看作一个三角形的 3 条边的长度值。这个程序要输出信息，并说明这个三角形是等边三角形、等腰三角形或不等边三角形。

1.1.2　边界值分析法

1. 什么是边界值分析法

边界值分析法也是一种黑盒测试方法，是对等价类划分法的一种补充，由测试工作经验得知，大量的错误发生在输入或输出的边界上。因此，针对各种边界情况设计测试用例，可以更快地发现缺陷。

边界值分析法的理论基础是假定大多数的缺陷发生在各种输入条件的边界上，如果在边界附近的取值不会导致程序出错，那么其他取值导致程序出错的可能性也很小。

边界值分析法的使用条件如下。

（1）输入条件明确了一个值的取值范围，或者规定了值的个数。

例子：输入条件为整数，取值范围为[1,100]。

（2）输入条件明确了一个有序集合。

例子：输入条件为月份，取值范围是月份的集合（1 月到 12 月）。

边界值点定义如下。

- 上点：边界上的点，如果域的边界是封闭的（例如，闭区间[1, 5]），上点就在域范围内；如果域的边界是开放的（例如，开区间(1, 5)），上点就在域范围外。

- 离点：离上点最近的一个点，如果域的边界是封闭的，离点就在域范围外；如果域的边界是开放的，离点就在域范围内。

- 内点：顾名思义，就是在域范围内的任意一个点。

边界值点的示例参见图 1-3。

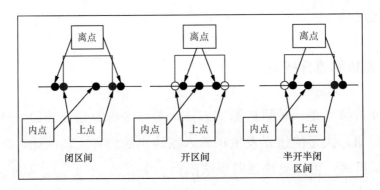

▲图 1-3　边界值点的示例

上点、离点的确定和这个域的边界是开放的还是封闭的有关。不论边界是开放的还是封闭的，上点和离点中总有一个在域内，另外一个在域外。例如，对于封闭边界，上点在域内，离点在域外；对于开放边界，上点在域外，离点在域内。

上点、离点的选择还与区间的数据类型有关，如果数据类型是整数，则可通过在上点的基础上加 1 或减 1 来确定最靠近的点，即离点。如果数据类型是实数，则可人为选择一个精度，并在这个精度下寻找最靠近的点。

假设 a 是整数，a 的一个边界描述是 $a>0$，这个域是开放的，那么上点是 0，离点是 1。如果边界描述是 $a\geq0$，这个域是封闭的，那么上点仍然是 0，离点是–1。

假设 a 是实数，首先确定一个精度，比如精确到 0.001，那么当 a 的边界描述为 $a>0$ 时，这个域是开放的，上点是 0.000，离点是 0.001；当边界描述为 $a\geq0$ 时，这个域是封闭的，上点仍然是 0.000，离点是–0.001。

2. 如何使用边界值分析法

边界值分析法具体的实施步骤如下。

（1）划分等价类（可选）。

这里对等价类的划分是基于特性测试子项所对应的 SRS 片段的，可以参考 1.1.1 节。

在划分过程中，划分结果可以填写到表 1-1 中。

（2）分析样点。

针对每个等价类区域分析其上点、离点和内点，并将分析的上点、离点和内点填写到表 1-8 中。

（3）确定测试用例。

从划分出的等价类中按以下 3 个原则设计测试用例。

表 1-8　边界值点的选取

等价类编号	等价类名	上点	离点	内点

（1）为每一个等价类的上点、离点和内点确定唯一的编号。

（2）设计新的测试用例，使它尽可能多地覆盖尚未被覆盖的有效等价类中的上点、离点和内点，重复这一步，直到所有的有效等价类点都被覆盖为止。

说明：当等价类划分法和边界值分析法结合使用时，边界值分析法的内点如果已经在等价类中被测试用例覆盖，则不用重复设计用例。

（3）设计新的测试用例，使它仅覆盖一个尚未被覆盖的无效等价类的上点、离点和内点，重复这一步，直到所有的无效等价类中的上点、离点和内点都被覆盖为止。

把边界值测试用例的数据填写到表 1-9 中。

表 1-9　边界值测试用例的数据

用例编号	测试用例	覆盖的等价类编号	覆盖的边界值点

3.　案例 1-3

在案例 1-3 中，从边界值的角度考虑对测试用例进行补充。

（1）根据日期的长度进行边界值的用例设计，可以考虑输入 5 位的数字字符和 7 位的数字字符。

（2）从年份的取值范围考虑边界情况，如起始年份 1990、1991，终止年份 2049、2050。

（3）从月份的取值范围考虑边界情况，如起始月份 00、01，终止月份 12、13。

4.　案例 1-4

在案例 1-4 中，从边界值的角度考虑对测试用例进行补充，参见表 1-4。

从年龄的角度考虑测试−1、0、19、20、39、40、59、60、99、100 的情况。

5. 实际应用

基于边界值分析法选择测试用例的原则如下。

（1）如果输入条件规定了值的范围，则应以刚达到这个范围的边界和边界附近的值作为测试输入数据（上点和离点）。例如，如果某软件程序的规格说明中规定"重量在 10 kg 至 50 kg 范围（包含 10 kg 和 50 kg）内的邮件邮费计算公式（精度为 0.01）"，则测试用例输入数据应选取 10.00 及 50.00，还应选取 9.99 及 50.01。

（2）如果输入条件规定了值的个数，则以最大个数、最小个数、比最小个数少 1、比最大个数多 1 的数作为测试用例数据。例如，某软件程序要求通过账号注册，密码限制为 10～18 位，测试用例的输入数据不仅应选取 18 位及 10 位，还应选取 9 位及 19 位。

（3）如果程序的规格说明给出的输入域或输出域是一个有序的集合，则应选取集合的第一个元素和最后一个元素作为测试用例的输入数据。例如，输入条件为周几，如果规定周日为一周的第一天，则以测试用例的输入数据集合中的第一个元素为周日，以集合的最后一个元素为周六。

（4）如果程序中使用了一个内部数据结构，则应当选择这个内部数据结构边界上的值作为测试用例输入数据。例如，如果程序采用循环结构，则可以考虑选取循环第 0 次、第 1 次、倒数第 2 次、最后 1 次等；如果程序采用数组，则可以考虑选取数组的第一个元素和最后一个元素。

（5）分析规格说明，找出其他可能的边界条件。

6. 总结

边界值分析法实际上通过优先选择不同等价类间的边界值覆盖有效等价类和无效等价类来更有效地进行测试，因此该方法需要和等价类划分法结合使用。

7. 练习

练习 1-3　根据图 1-2 所示和下面的具体输入条件规则，利用边界值分析法编写测试用例。

关于用户名和密码的规则如下。

- 长度为 6～10 位（含 6 位和 10 位）。

- 由字符（a～z、A～Z）和数字（0～9）组成。

- 不能为空、空格和特殊字符。

针对用户名和密码写出所有边界值。

1.1.3　判定表法

1. 什么是判定表法

等价类划分法、边界值分析法主要针对单个输入条件进行测试用例设计。测试中往往需要考虑多个输入条件组合的情况，因此需要采用更合适的方法。我们可以采用判定表法、因果图法、正交试验法等方法。

判定表是指在分析和表达多种输入的条件下系统执行不同动作的工具。在程序设计发展的初期，判定表就已被当作编写程序的辅助工具，它可以把复杂的逻辑关系和多种条件组合的情况表达得既具体又明确。

判定表通常由 4 个部分组成，如图 1-4 所示。

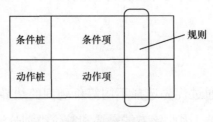

▲图 1-4　判定表的组成

- 条件桩（Condition Stub）：列出了系统的所有输入（输入的排列顺序没有约束）。

- 动作桩（Action Stub）：列出了系统可能采取的输出（操作的排列顺序没有约束）。

- 条件项（Condition Entry）：列出输入的取值，在所有可能情况下的真假值。

- 动作项（Action Entry）：列出在输入项的各种取值情况组合下得到的输出的取值。

例如，手机在未欠费、有信号、开机的情况下，可以正常通话。根据分析得出条件桩、条件项、动作桩、动作项，如表 1-10 所示。在判定表中，根据各种输入条件真或假的组合，得出相应的输出动作。

表 1-10　手机通话中的条件桩、条件项、动作桩、动作项

条件桩	欠费；信号；开机
条件项	是；否
动作桩	正常通话
动作项	是；否

判定表的每一列对应一条业务规则，该规则定义了各种条件的一个特定组合，以及与这个规则相关联的执行动作。判定表测试的常见覆盖标准是，每列至少对应一个测试。判定表的规则数等于条件桩的条件项个数相乘。

判定表法的优点是可以生成测试条件的各种组合，而这些组合利用其他方法可能无法被测试到。对于判定表可以进行化简工作，化简工作以合并相似规则为目标。如果表中有两条或多条规则有相同的动作，并且其条件项之间存在相似的关系，则可以将其合并，如图 1-5 所示。

2. 如何使用判定表法

判定表法具体的实施步骤如下。

（1）标识输入和输出。

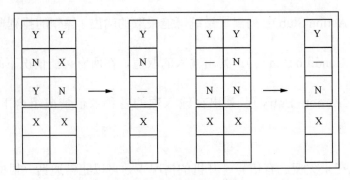

▲图 1-5　合并判定表中的规则

分析需求规格说明书的子项，找出其中的条件桩、对应的条件项和动作桩、对应的动作项，并标识出来，其中要注意以下几点。

① 输入需要包括外部消息输入、内部预置的用户状态、数据配置等所有对系统输出有影响的因素。

② 如果输入项和输出项只涉及两种取值，在两种取值中可以只把一个标识出来。如果输入项涉及多种取值，每个取值都需要作为一个输入标识出来。

③ 标识符可以自己确定，但输入与输出需要独立标识。

（2）构造判定表。

将标识的输入填入条件桩部分，将标识的输出填入动作桩部分。条件项部分的列数为 2 的 n 次方列，n 为输入数。从最右列到最左列逐列从"N N … N"到"Y Y … Y"填入条件项的所有组合。

（3）逐列分析条件项组合，并填入其动作项。

分析每列的条件项取值情况，根据输入和输出逻辑关系，得到该列的输出值——"Y"或"N"，填入该列动作项，得到一条规则。如果该列条件项的取值组合不合法，则在动作项中填入"X"。

（4）简化判定表（可选）。

简化判定表用于将相似规则进行合并，以简化测试用例。当然，它是以牺牲测试用例充分性为代价的。

简化的过程为：找到判定表中输出完全相同的两列，观察它们的输入是否相似，例如，如果只有一个输入不同，说明不管该输入取何值，输出都是一样的，也就是说，该输入对输出的结果没有影响，因此可以将这两列合并为一列。

图 1-6 展示了把两条规则简化为一条规则的示例。

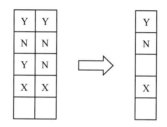

▲图 1-6　把两条规则简化为一条规则

（5）生成测试用例。

简化后的判定表的每一列可以作为一个测试用例，它的输入和输出都已经非常明确。

3.　案例 1-5

若用户欠费或停机，不允许其呼入/呼出。判定表如表 1-11 所示。

表 1-11　案例 1-5 的判定表

规则编号	条件		动作
	用户欠费	用户被停机	可以呼入/呼出
1	Y	Y	N
2	Y	N	N
3	N	Y	N
4	N	N	Y

其中表 1-11 的 1～4 列中的每一列就是一条规则。

针对该判定表，可以化简，规则 1 和规则 2 的动作完全相同，条件桩中只有条件 2 的取值不同，因此可将规则 1、规则 2 合并。化简后的结果如表 1-12 所示。每条规则对应一条测试用例，这样一共有 3 条测试用例。

表 1-12 案例 1-5 中判定表的化简

规则编号	条件		动作
	用户欠费	用户被停机	可以呼入/呼出
1	Y	—	N
2	N	Y	N
3	N	N	Y

4．案例 1-6

关于订购单的检查如下。

如果金额大于 500 元且时间又未过期，则发出批准单和提货单；如果金额大于 500 元且时间过期了，则不发出批准单；如果金额小于或等于 500 元，则不论是否时间过期都发出批准单和提货单，在时间过期的情况下还需要发出通知单。

请用判定表法对测试用例进行设计。

（1）生成判定表，如表 1-13 所示。

表 1-13 案例 1-6 的判定表

条件	是否发出批准单（1 表示发布，0 表示不发不出）	是否发出提货单（1 表示发布，0 表示不发不出）	是否发布通知单（1 表示发布，0 表示不发不出）
金额大于 500 元，时间未过期	1	1	0
金额大于 500 元，时间已过期	0	0	0
金额小于或等于 500 元，时间已过期	1	1	0
金额小于或等于 500 元，时间未过期	1	1	1

（2）合并相似规则，如表 1-14 所示。如果用例数不多，不建议合并（因为合并存在

漏测的风险，一个显然易见的原因是，虽然某个输入条件在输出接口上是无关的，但是在软件设计上，内部针对这个条件选择了不同的程序分支）。

表 1-14 案例 1-6 中判定表的合并

条件	是否发出批准单（1 表示发布，0 表示不发出）	是否发出提货单（1 表示发布，0 表示不发出）	是否发布通知单（1 表示发布，0 表示不发出）
金额大于 500 元，时间未过期	1	1	0
金额大于 500 元，时间已过期	0	0	0
金额小于或等于 500 元，时间已过期	1	1	0

5. 实际应用

从以上案例可以看出，判定表法主要用于功能需求中的逻辑处理过程，处理过程越复杂，越有必要使用判定表法。考虑到控制系统以及游戏的处理过程比较复杂，因此判定表法在控制系统和游戏的测试中应用较多。

对于典型的控制系统，如平常上下楼的电梯，电梯的运动比较复杂，在各层按选层按钮都会影响电梯的运动，因此可以采用判定表法进行用例设计。下面仅列出判定表中包含的条件和动作。

电梯一般有十几层，高的有几十层，但这样考虑测试会非常复杂，因此可以将电梯进行简化，简化成一个 3 层的电梯。对于该电梯，在 1 层只能按"上"按钮，在 3 层只能按"下"按钮，在 2 层"上""下"按钮都可以按。为了更好地确定条件和动作，可以先确定动作，然后分析影响这些动作的因素，就可以得到所有的条件。

电梯的动作很好确定，有 3 个动作。

- 电梯上。

- 电梯下。

- 电梯厢门打开。

哪些因素会影响电梯的动作呢？通过分析可以得到：

- 1 层的按钮（按"上"或者不按，有两个条件项）；

- 2 层的按钮（按"上""下"或者不按，有 3 个条件项）；

- 3 层的按钮（按"下"或者不按，有两个条件项）；

- 电梯所在楼层（1 层、2 层或 3 层，有 3 个条件项）；

- 电梯状态（电梯上、电梯下或者电梯停，有 3 个条件项）。

如果只考虑外部按钮对电梯的影响，可以得到 5 个条件、3 个动作，对应的全排列组合有 $2 \times 3 \times 2 \times 3 \times 3 = 108$ 个。在这 108 个排列组合中有不少组合是无效的，比如电梯所在楼层为 1 层与电梯状态为"下"是冲突的，这样针对这 108 个组合可以进行大量化简，然后根据化简后的判定表来得到测试用例。

对于扫雷游戏，具体游戏界面如图 1-7 所示。

▲图 1-7　扫雷游戏界面

扫雷游戏测试的一个重点在于各种游戏规则的测试（比如，用户单击，结果不小心点在一颗地雷上，这样游戏就会结束）。当针对这些游戏规则进行测试时，可以忽略雷区上面的雷数显示、笑脸、计时等。考虑到游戏规则比较多而且比较复杂，可以使用判定表法。列出所有可能的游戏规则，规则的前半部分就是条件，后半部分就是动作。比如，根据前面提到的规则，会得到条件为单击，方块下有地雷，动作为游戏结束。经过这种分析后可以得到如下条件。

- 方块为白色。

- 方块通过红色的数字 1 标识地雷。

- 方块标识问号。

- 方块显示灰色数字。

- 单击。

- 右击。

- 当前方块是地雷。

动作如下。

- 方块为白色。

- 方块标识地雷。

- 方块标识问号。

- 方块显示灰色数字。

- 游戏失败。

- 未标识方块闪烁（同时按鼠标左右键时会出现）。

确定了条件和动作，就可以进行判定表的化简，从而得到测试用例。这里主要用于演示，因此并未测试扫雷游戏的所有游戏规则。

6. 练习

练习 1-4 针对以下需求，利用判定表法进行测试用例设计。

如果想对文件进行修改，输入的第 1 列字符必须是 A 或 B，第 2 列字符必须是数字。如果第 1 列字符不正确，则给出信息 L；如果第 2 列字符不正确，则给出信息 M。

1.1.4　因果图法

1.　什么是因果图法

因果图用于描述系统的输入和输出之间的因果关系、输入和输入之间的约束关系。因果图的绘制过程是对被测试系统外部特征的建模过程。根据系统输入和输出之间的因果图可以得到判定表，从而规划出测试用例。因果图法和判定表法在实际中往往同时使用，此时可以把因果图法视为判定表法的前置过程。对于一些简单的系统，或者输入与输出的逻辑关系已经非常明确的系统，可以只使用判定表法。

因果图需要描述下面的关系。

（1）输入与输出之间的因果关系。因果图的表示中，输入与输出间的因果关系有以下 4 种。

- 恒等关系：当出现输入项时，会产生对应输出项；当不出现输入项时，不会产生对应输出项。

- 非关系：与恒等关系相反。

- 或关系：多个输入条件中，只要有一个出现，就会产生对应输出。

- 与关系：多个输入条件中，只有所有输入项出现时，才会产生对应输出项。

输入与输出的因果关系分别如图 1-8（a）～（d）所示。

（2）输入与输入之间的约束关系。因果图的表示中，输入与输入之间的约束关系有以下 4 种。

- 异关系：所有输入中至多一个输入条件出现。

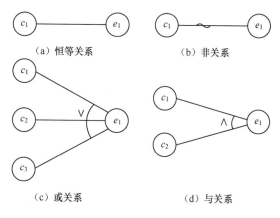

▲图 1-8 输入与输出的因果关系

- 或关系：所有输入中至少一个输入条件出现。

- 唯一关系：所有输入中有且只有一个输入条件出现。

- 要求关系：所有输入中只要有一个输入条件出现，其他输入也会出现。

对应的因果图输入之间的约束关系如图 1-9（a）～（d）所示。

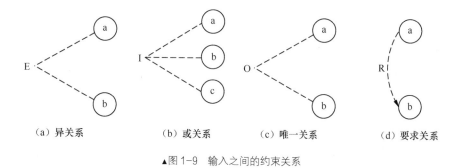

▲图 1-9 输入之间的约束关系

2. 如何使用因果图法

因果图法具体的实施步骤如下。

（1）标识输入和输出。

逐项分析测试子项的测试规格，找出其中的输入和输出并标识出来，其中要注意以下几点。

① 输入需要包括外部消息输入、内部预置的用户状态、数据配置等所有对系统输出有影响的因素。

② 如果输入和输出项只涉及两种取值（真和假；是和否），在两种取值中可以只把一个标识出来。如果输入项涉及多种取值，则每个取值需要作为一个输入标识出来。

③ 标识符可以自己确定，但输入与输出需要独立标识。

（2）画出因果图。

① 分析测试需求和 SRS 等参考文档，针对每个测试子项的测试规格，分析输入与输出之间、输入与输入之间的关系，根据这些关系，画出因果图。

② 由于语法或环境限制，有些输入与输入之间、输入与输出之间的组合情况不可能出现。为表明这些特殊情况，在因果图上用一些记号表示约束条件或限制条件。

（3）将因果图转换为判定表。

① 将输入和输出分别填入条件桩与动作桩，并在条件项中填满输入的所有组合，若输入有 n 项，则组合的列数应该为 2^n。

② 根据因果图中的输入条件约束关系，对不可能出现的输入组合，在动作项上做出删除标记。

③ 根据因果图中的输入与输出的因果关系，在动作项上标出对应动作的结果。

（4）简化判定表（可选）。

可参照 1.1.3 节中判定表法的简化步骤。

（5）生成测试用例。

简化后的判定表的每一列可以规划为一个测试用例，它的输入和输出都已经非常明确。

3. 案例 1-7

用因果图法对下面的需求进行测试。

当想对文件进行修改时，输入的第 1 列字符必须是 A 或 B，第 2 列字符必须是一个数字。如果第 1 列字符不正确，则给出信息 L；如果第 2 列字符不正确，则给出信息 M。

（1）分析了上面的规格说明要求后，我们可以很明确地把原因和结果分开。

原　　因	结　　果
① 第 1 列字符为 A	㉑ 修改文件
② 第 1 列字符为 B	㉒ 给出信息 L
③ 第 2 列字符为一个数字	㉓ 给出信息 M

（2）在这个例子的规格说明中，很明确地给出了原因和结果之间的对应关系，根据原因和结果之间的对应关系用相应的逻辑符号连接起来，并画出因果图，如图 1-10 所示。

在图 1-10 中左侧列表示原因，右侧列表示结果，编号为 ⑪ 的节点表示导致结果的进一步原因。

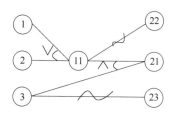

▲图 1-10　案例 1-7 的因果图

（3）考虑到原因①和原因②不可能同时为 1（即第 1 列不能同时为 A 和 B），因此可以在图上对其施加 E 约束，这样就有了具有约束的因果图，如图 1-11 所示。

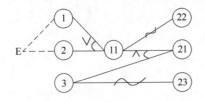

▲图 1-11　具有约束的因果图

（4）把因果图转换成判定表，如表 1-15 所示。

表 1-15　由因果图转化成的判定表

规则	条件桩（原因）				动作桩（结果）		
	①	②	③	⑪	㉒	㉑	㉓
规则 1	1	1	1				
规则 2	1	1	0				
规则 3	1	0	1	1	0	1	0
规则 4	1	0	0	1	0	0	1
规则 5	0	1	1	1	0	1	0
规则 6	0	1	0	1	0	0	1
规则 7	0	0	1	0	1	0	0
规则 8	0	0	0	0	1	0	1

注：由于原因①和原因②不可能同时为 1，因此规则 1、2 属于不可能发生的组合，在编辑测试用例时可以不用考虑。

（5）把判定表的每一列拿出来作为依据，设计测试用例，如表 1-16 所示。

表 1-16　由判定表转换成的测试用例

规则	3	4	5	6	7	8
用例	A2、A9	AM、A?	B2、B9	BM、B?	C7、D8	DE、XY

注：规则 3 中 A2 表示输入的第 1 列为 A，第 2 列为数字（见表 1-15 中的规则 3），"?"表示除数字之外的任何值。

4. 案例 1-8

假设有一台自动售卖 5 角钱的饮料的机器（假设只接受 5 角钱和 1 元钱），其规格说明如下。

若塞入 5 角钱或 1 元钱，按下"橙汁"或"啤酒"按钮，相应的饮料就出来了。若售货机没有零钱了，则一个显示"零钱找完"的红灯亮，这时再塞入 1 元钱并按下按钮，饮料就不会出来但 1 元钱会退回；若有零钱找，则显示"零钱找完"的红灯灭，在出来饮料的同时退还 5 角钱。"

（1）分析原因和结果。

原因如下。

① 售货机有零钱。

② 塞入 1 元硬币。

③ 塞入 5 角钱。

④ 按下"橙汁"按钮。

⑤ 按下"啤酒"按钮。

结果如下。

㉑ 售货机中"零钱找完"的红灯亮。

㉒ 退还 1 元硬币。

㉓ 找 5 角硬币。

㉔ 出来橙汁饮料。

㉕ 出来啤酒饮料。

（2）分析输入和输出之间的关系以及输入与输入之间的约束关系，如图 1-12 所示。

5. 实际应用

通过画因果图能更好地让测试人员了解需求、理解需求，高效地生成判定表，因此因果图法通常作为一种辅助的方法。当能很快得到判定表的时候，就不需要画因果图了。只有当处理过程过于复杂，导致不太容易理解的需求时，才会使用因果图法。

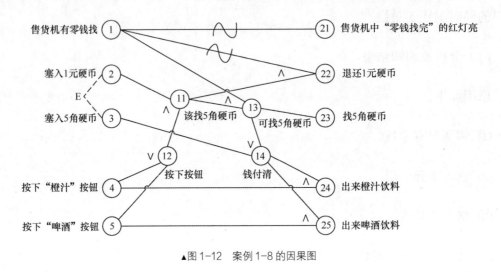

▲图 1-12　案例 1-8 的因果图

6. 总结

判定表法、因果图法普遍适用于对复杂逻辑关系的需求进行用例设计。

其优点主要有以下几方面。

- 充分考虑了输入条件间的组合，对组合情况覆盖充分。

- 最终每个用例覆盖多种输入情况，有利于提高测试效率。

- 在设计过程中，考虑了输入条件间的约束关系，避免了无效用例，用例的有效性高。

- 能同时得出每个测试项目的预期输出结果。

其缺点主要有以下几个方面。

- 当被测试需求的输入较多时，判定表的规模将会非常庞大。

- 输入之间的约束条件不能有效区分输入是否确实需要进行组合测试，会造成不需要组合测试的输入做了组合，从而产生用例冗余。

简化如下。

前面已经提到，当测试需求的输入比较多时，会造成因果图和判定表规模庞大。考虑到每个测试需求可以细分为若干个功能流程，而这些功能流程都有自己各自的输入，因此功能流程间的输入是不需要进行组合的。为了简化工作量，在应用判断表法、因果图法等方法前建议对特性进行功能流程细分，然后对每个功能流程采用上述方法。

注意：规则的化简、合并造成了漏测的风险。一个显而易见的原因是，虽然某个输入条件在输出接口上是无关的，但是在软件设计上，内部针对这个条件选择了不同的程序分支。因为某个输入条件由分析的内部业务流程而定，所以在化简时要谨慎分析。

7. 练习

练习 1-5 根据以下关于中国象棋软件中走马规则的描述，分析其因果图，并设计用例。

- 如果落点在棋盘外，则不移动棋子。

- 如果落点与起点不构成日字型，则不移动棋子。

- 如果落点处有自己方的棋子，则不移动棋子。

- 如果在落点方向的邻近交叉点有棋子（绊马腿），则不移动棋子。

- 如果不属于以上4条，且落点处无棋子，则移动棋子。

- 如果不属于以上4条，且落点处为对方棋子（非老将），则移动棋子并吃掉对方棋子。

- 如果不属于以上4条，且落点处为对方老将，则移动棋子，并提示战胜对方，游戏结束。

1.1.5　正交试验法

1.　什么是正交试验法

所谓正交试验法，是从大量的试验点中挑选出适量的、有代表性的点，再依据迦罗瓦理论导出的"正交表"，合理安排试验的一种科学的试验设计方法。它是研究多因子多状态（也称多因素多水平）的一种设计方法。根据正交性从全部试验中挑选出部分有代表性的点进行试验，这些有代表性的点具备"均匀分散，齐整可比"的特点。正交试验法是一种基于正交表并且高效、快速、经济的试验设计方法。

通常把判断试验结果优劣的标准称为试验的指标，把所有影响试验指标的条件称为因子，而影响试验因子的因素称为因子的状态。

以上的描述比较抽象，简单一点说，正交试验法是一种用来测试组合的方法，这一点和判定表法类似，但判定表法通过人工对全排列组合进行化简来得到测试用例，正交试验法借助于数学工具，通过算法从全排列组合中选择出组合并放到正交表中，这样，通过查看合适的正交表就可以直接得到测试用例。

这里提到的因子可以先简单理解成输入，一个软件的各个输入就可以看成因子，这样因子的状态就是输入的取值了。

一般根据因子数和状态数把正交表称为几因子几状态的正交表。多因子 2 状态的正交表如表 1-17 所示。

表 1-17 实际上包含了多个正交表，比如 3 因子 2 状态的正交表、7 因子 2 状态的正交表等。这些正交表中，横向的因子 1、2、3、4 对应的是因子的个数，纵向的项目表示从全排列组合中选出的要测试的组合，也可以看成测试用例。如果有 3 个因子，每个因子有两个状态，则设计出来的测试用例共有 4 个；如果有 7 个因子，每个因子有两个状态，则设计出来的测试用例共有 8 个。

表 1-17　多因子 2 状态的正交表

项目	因子1	因子2	因子3	因子4	因子5	因子6	因子7	因子8	因子9	因子10	因子11	因子12	因子13	因子14	因子15	...
T1	0	0	0	0	0	0	0	0	0	0	0	0	0	0	0	
T2	1	0	1	0	0	1	1	0	1	0	1	0	1	0	1	
T3	0	1	1	0	1	0	1	0	0	1	1	0	0	1	1	
T4	1	1	0	0	1	1	0	0	1	1	0	0	1	1	0	
T5	0	0	0	1	1	1	1	0	0	0	0	1	1	1	1	
T6	1	0	1	1	1	0	0	0	1	0	1	1	0	1	0	
T7	0	1	1	1	0	1	0	0	0	1	1	1	1	0	0	
T8	1	1	0	1	0	0	1	0	1	1	0	1	0	0	1	
T9	0	0	0	0	0	0	0	1	1	1	1	1	1	1	1	
T10	1	0	1	0	0	1	1	1	0	1	0	1	0	1	0	
T11	0	1	1	0	1	0	1	1	1	0	0	1	1	0	0	
T12	1	1	0	0	1	1	0	1	0	0	1	1	0	0	1	
T13	0	0	0	1	1	1	1	1	1	1	1	0	0	0	0	
T14	1	0	1	1	1	0	0	1	0	1	0	0	1	0	1	
T15	0	1	1	1	0	1	0	1	1	0	0	0	0	1	1	
T16	1	1	0	1	0	0	1	1	0	0	1	0	1	1	0	
⋮																

本来 7 因子 2 状态的全排列组合数为 2 的 7 次方，也就是 128 个，结果通过正交试验法，最后测试了 8 个测试用例，这样的测试真的不错了吗？正交表的关键到底在哪里？正交表的重点在于要用最少的测试用例对两两组合进行覆盖，仔细查看一下正交表，会发现因子 1 的 0 状态与因子 2～7 的 0 状态和 1 状态都组合过，因子 1 的 1 状态与因子 2～7 的 0 状态和 1 状态都组合过。根据经验，如果两两组合没有问题，更复杂的三三组合、四四组合一般也不会有太大问题。因此，正交试验法是通过测试的两两组合来减少测试用例的个数的。

如表 1-18 所示，4 因子 3 状态的正交表与多因子 2 状态的正交表类似。

表 1-18　4 因子 3 状态的正交表

试验次数	第 1 列	第 2 列	第 3 列	第 4 列
1	1	1	1	1
2	1	2	2	2
3	1	3	3	3
4	2	1	2	3
5	2	2	3	1
6	2	3	1	2
7	3	1	3	2
8	3	2	1	3
9	3	3	2	1

2.　如何使用正交试验法

（1）提取功能说明，构造因子状态表，如表 1-19 所示。

表 1-19　构造的因子状态表

状态	因子 1	因子 2	...	因子 n
状态 1				
状态 2				
$\vdots$				
状态 m				

注：该步骤的目的是要确定哪些输入和输入的取值需要进行组合。

（2）加权、筛选，生成因素分析表。

计算各因子和状态的权值，删除一部分权值较小（即不太重要）的因子或状态，使最后生成的测试用例集缩减到允许范围。

提示： 该步骤的目的是明确哪些输入和输入的取值需要进行组合，这样可以压缩最后测试的组合数。

（3）利用正交表构造测试数据集。

- 如果各个因子的状态数不统一，则几乎不可能出现均匀的情况。因此，必须先用逻辑命令来组合各因子的状态，再画出布尔图。

- 根据布尔图查找最接近相应阶数的正交表。

- 依照因果图上根节点到叶子节点的顺序逐步替换正交表上的中间节点，得到最终的正交表。

  正交试验法的关键在于正交表的选取，可以按照以下原则选取。

- 如果不同因子的状态数相同，比如，有 M 个因子，每个因子有 N 个状态，则最好选取 M 因子 N 状态的正交表；如果该正交表不存在，则逐步增加因子数，直到找到一个存在的正交表。

- 如果不同因子的状态数不同，先要确定正交表的状态数，确定的原则是看哪种状态数在各个因子中出现的次数最多，比如，现在有 4 个因子，第 1 个、第 2 个因子有 3 个状态，第 3 个因子有 4 个状态，第 4 个因子有两个状态，则由于状态数 3 出现的次数最多，因此应该选择状态数为 3 的正交表。如果 4 个因子中第 3 个因子的状态数也是 2，则在状态数 2、3 均出现两次的情况下应尽可能选择较大的值，也就是应该选 3。正交表的状态数确定好后，再确定正交表的因子数，这和不同因子的状态数相同的情况是类似的。还是以上面的 4 个因子为例，应该选择一个 4 因子 3 状态的正交表。

选择好正交表，再将实际的因子和状态代入正交表后，会出现以下几种情况。

- 因子的状态数等于正交表的状态数。这时直接替换即可。

- 因子的状态数大于正交表的状态数。这时需要先将多余的状态合并，代入正交表，然后展开。

- 因子的状态数小于正交表的状态数。这时正交表中多出来的状态用实际状态的任意值替换即可。

（4）利用正交表每行的数据构造测试用例。

用实际因子和状态替换过的正交表中的每一行选择数据构造测试用例即可。

3. 案例 1-9

有一个 Web 站点，该站点可安装于不同的服务器和操作系统上，并且能够在带有不同插件的浏览器中浏览。

- Web 浏览器：Chrome 70.0、Internet Explorer 11.0、Opera 55.0。

- 插件：无、Real Player、Media Player。

- 应用服务器：IIS、Apache、Tomcat。

- 操作系统：Windows Server 2016、Windows 7、Linux。

用正交试验法进行测试用例设计。

（1）提取系统功能说明中的因子：

- Web 浏览器；

- 插件；

- 应用服务器；

- 操作系统。

（2）分析各因子的状态。

- Web 浏览器：1＝Chrome 70.0，2＝IE 11.0，3＝Opera 55.0。

- 插件：1＝无，2＝Real Player，3＝Media Player。

- 应用服务器：1＝IIS，2＝Apache，3＝Tomcat。

- 操作系统：1=Windows Server 2016，2=Windows 7，3=Linux。

（3）选择正交表。

确定选择 4 因子 3 状态的正交表。

（4）将因子、状态映射到正交表中。套用 4 因子 3 状态表的测试用例如表 1-20 所示。

表 1-20　案例 1-9 中套用 4 因子 3 状态表的测试用例

测试用例	浏览器	插件	服务器	操作系统
1	Chrome 70.0	无	IIS	Windows Server 2016
2	Chrome 70.0	Real Player	Apache	Windows 7
3	Chrome 70.0	Media Player	Tomcat	Linux
4	IE 11.0	无	Apache	Linux
5	IE 11.0	Real Player	Tomcat	Windows Server 2016
6	IE 11.0	Media Player	IIS	Windows 7
7	Opera 55.0	无	Tomcat	Windows 7
8	Opera 55.0	Real Player	IIS	Linux
9	Opera 55.0	Media Player	Apache	Windows Server 2016

4. 案例 1–10

假设要测试某数据库查询系统。

（1）依规格说明书得到表 1-21 所示的因子状态表。

表 1-21　案例 1-10 中构造的因子状态表

状态	因子 A （查询类别）	因子 B （查询方式）	因子 C （元胞类别）	因子 D （打印方式）
1	功能	简单	门	终端显示
2	结构	组合	功能块	图形显示
3	逻辑符号	条件		行式打印

（2）经过加权、筛选，得到因素分析表，如表 1-22 所示。

表 1-22　案例 1-10 中经过加权、筛选得到的因子状态表

状态	因子 A （查询类别）	因子 B （查询方式）	因子 C （元胞类别）
1	功能	简单	门
2	结构	组合	功能块
3		条件	

（3）经过字母替代后得到图 1-23 所示的因子状态表。

表 1-23　案例 1-10 中字母替代后的因子状态表

状态	因子 A	因子 B	因子 C
1	$A1$	$B1$	$C1$
2	$A2$	$B2$	$C2$
3		$B3$	

（4）利用数据表构造测试数据集。

（5）画出布尔图，如图 1-13 所示。

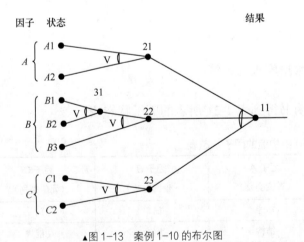

▲图 1-13　案例 1-10 的布尔图

　① 把节点 21、22、23 当作因子，则它的输入可以当作状态，这时就可以使用正交表了，如表 1-24 所示。

组合号	因子21	因子22	因子23	组合号	因子21	因子22	因子23
1	0	0	0	3	0	1	1
2	1	0	1	4	1	1	0

② 替换中间节点后得到表1-25所示的正交表。

表1-25　案例1-10中套用的正交表

组合号	节点21	节点22	节点23	组合号	节点21	节点22	节点23
1	$A1$	31	$C1$	3	$A1$	B3	$C2$
2	$A2$	31	$C2$	4	$A2$	B3	$C1$

③ 针对中间节点31，可做同样的工作，继续替换，得到表1-26所示的正交表。

表1-26　案例1-10中替换后的正交表

组合号	节点21	节点22	节点23	组合号	节点21	节点22	节点23
1	$A1$	$B1$	$C1$	4	$A2$	$B2$	$C2$
2	$A1$	$B2$	$C1$	5	$A1$	B3	$C2$
3	$A2$	$B1$	$C2$	6	$A1$	B3	$C1$

④ 得到具有6组测试数据的测试数据集，如表1-27所示。

表1-27　案例1-10中的测试数据集

测试组号	因子A	因子B	因子C	测试组号	因子A	因子B	因子C
1	$A1$	$B1$	$C1$	4	$A2$	$B2$	$C2$
2	$A1$	$B2$	$C1$	5	$A1$	B3	$C2$
3	$A2$	$B1$	$C2$	6	$A2$	B3	$C1$

（6）根据每行数据得到测试用例。

5. 案例1-11

在SugarCRM项目中，对某个账户进行基本查询，界面如图1-14所示。

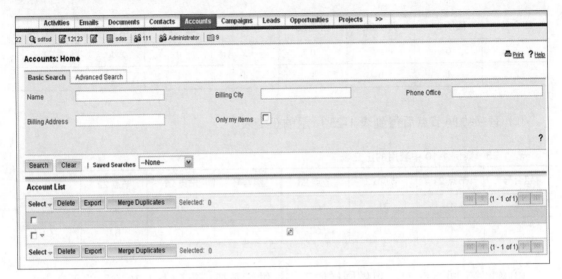

▲图 1-14　SugarCRM 项目中的账户查询

假设查询该活动有 5 个查询条件。

- 根据"Name"进行查询。

- 根据"Billing City"进行查询。

- 根据"Phone Office"进行查询。

- 根据"Billing Address"进行查询。

- 根据"Only my items"进行查询。

查询中有 5 个因子，即 Name、Billing City、Phone Office、Billing Address 和 Only my items。

每个因子有两个水平。

- Name：填写、不填。

- Billing City：填写、不填。

- Phone Office：填写、不填。

- Billing Address：填写、不填。

- Only my items：勾选、不勾选。

在正交表中，没有对应的 5 因子 2 状态的正交表。

与其比较接近的正交表有 7 因子 2 状态的正交表、5 因子 4 状态的正交表、6 因子 5 状态的正交表，这些正交表中的因子数不少于 5，并且至少有 5 个因子的水平数不少于 2。

在实际项目中，如果因子的水平数（变量的取值）相同但在正交表中找不到相同的因子数（变量），就取因子数最接近但略大的正交表。

相比较而言，7 因子 2 状态的用例个数最少，所以我们选择套用这个正交表，它只需要 8 个用例即可。0 代表不填，1 代表填写。套用 7 因子 2 状态的正交表后得到表 1-28。

表 1-28　案例 1-11 中套用正交表得到的结果

id	Name	Billing City	Phone Office	Billing Address	Only my items
1	1	1	1	1	1
2	1	1	1	0	0
3	1	0	0	1	1
4	1	0	0	0	0
5	0	1	0	1	0
6	0	1	0	0	1
7	0	0	1	1	0
8	0	0	1	0	1

测试用例如下。

- 填写 Name、填写 Billing City、填写 Phone Office、填写 Billing Address、填写 Only my items。

- 填写 Name、填写 Billing City、填写 Phone Office、不填 Billing Address、不填 Only my items。

- 填写 Name、不填 Billing City、不填 Phone Office、填写 Billing Address、填写 Only my items。

- 填写 Name、不填 Billing City、不填 Phone Office、不填 Billing Address、不填 Only my items。

- 不填 Name、填写 Billing City、不填 Phone Office、填写 Billing Address、不填 Only my items。

- 不填 Name、填写 Billing City、不填 Phone Office、不填 Billing Address、填写 Only my items。

- 不填 Name、不填 Billing City、填写 Phone Office、填写 Billing Address、不填 Only my items。

- 不填 Name、不填 Billing City、填写 Phone Office、不填 Billing Address、填写 Only my items。

增补测试用例如下。

- 不填 Name、填写 Billing City、不填 Phone Office、不填 Billing Address、不填 Only my items。

- 不填 Name、不填 Billing City、填写 Phone Office、不填 Billing Address、不填 Only my items。

- 不填 Name、不填 Billing City、不填 Phone Office、填写 Billing Address、不填 Only my items。

- 不填 Name、不填 Billing City、不填 Phone Office、不填 Billing Address、填写 Only my items。

- 不填 Name、不填 Billing City、不填 Phone Office、不填 Billing Address、填写 Only my items。

5 因子 2 状态共组合为 32 种情况，这里只使用了 13 个用例，大大减少了测试的个数。

6. 实际应用

正交试验法可以应用在以下情况中。

- 单个功能测试：每个输入是因子，每个输入的取值是状态。

- 功能组合测试：每个功能是因子，是否包含功能为状态，也就是每个因子有两个状态。例如，手机有接听电话、接收短消息、播放音乐、玩游戏、设置闹钟等多个功能，虽然可对这些功能单独进行测试，但还需要针对这些功能同时进行测试。这样就会借助正交试验法，每个功能有一个因子，每个因子有两个状态，这样需要选择一个 7 因子 2 状态的正交表（实际因子数为 5）。注意，正交表中全为 0 状态（对应不包含）的情况没必要进行测试。

- 配置测试：每个配置项是因子，每个具体配置是状态。比如，针对 CPU 进行测试，需要考虑 CPU 和主板、内存、显卡、声卡等组合在一起后是否能正常工作，这样每个配置项就是因子，而实际的型号就是状态。

7. 总结

正交试验法能借助正交表快速地设计测试用例，应用广泛。但需要注意的是，由于正交表是由数学知识推导出来的，其中包含的组合并不考虑实际取值的意义，因此正交表中包含的组合不一定是常见的情况，或者常用的组合并未包含在正交表中。因此，在使用正交试验法的时候，要选出具有实际意义的组合，删除无效的组合，补充漏掉的常见组合。

8. 练习

练习 1-6 PowerPoint 软件打印功能的描述如下。

- "打印范围"分"全部""当前幻灯片""给定范围"3 种情况。

- "打印内容"分"幻灯片""讲义""备注页""大纲视图"4 种形式。

- "打印颜色/灰度"分"颜色""灰度""黑白"3 种设置。

- "打印效果"分"幻灯片加框"和"幻灯片不加框"两种方式。

请利用正交试验法设计测试用例。

1.1.6 状态迁移图法

1. 什么是状态迁移图法

有限状态机是一种用来对对象行为建模的工具，其作用主要是描述对象在其生命周期内所经历的状态序列，以及如何响应来自外界的各种事件。许多需求采用状态机的方式来描述，状态机的测试主要关注测试状态转移的正确性。对于一个有限状态机，通过测试验证它在给定的条件下是否能够产生正确的状态变化、是否有不可达的状态和非法的状态、是否产生非法的状态转移等。对于被测系统，如果可以抽象出它的若干个状态，以及这些状态之间的切换条件和切换路径，那么可以从状态迁移路径覆盖的角度来设计用例并对该系统进行测试。状态迁移图法的目标是设计足够的用例来达到对系统状态的覆盖、状态-条件组合的覆盖以及状态迁移路径的覆盖。

2. 如何使用状态迁移图法

状态迁移图法具体的实施步骤如下。

（1）绘制状态迁移图。

① 根据测试需求分析文档和 SRS 等参考文档，针对每个测试子项的测试规格，分析有哪些系统状态，以及这些状态之间的迁移关系。

② 用圆圈代表状态，用箭头代表状态迁移方向，绘制状态迁移图，在箭头旁标识该状态迁移的条件。打印机的状态迁移图如图 1-15 所示。

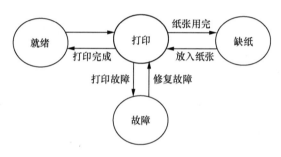

▲图 1-15　打印机的状态迁移图

（2）填写状态-事件表。

分析每个状态下输入不同条件而导致的输出和状态迁移情况，填写状态-事件表，如表 1-29 所示。

表 1-29　状态-事件表

状态编号	状态描述	输入（条件）编号	输入（条件）描述	下一个状态的编号	输出

（3）根据状态迁移图推导测试路径。

① 从初始状态节点（可以有多个）出发，依据广度优先原则遍历状态迁移图，当遍历到结束状态节点或已遍历过的节点时，一次遍历结束，并得到一条测试路径。具体

算法可以参考有向图的搜索算法。

② 选取需要测试的路径，达到规定的路径覆盖率。这里的每条路径对应一个或几个测试用例规格。将从状态迁移图转化成的测试用例规格填入表 1-30 中。

表 1-30　从状态迁移图转化成的测试用例规格

用例编号	测试用例	覆盖路径	覆盖的状态-条件组合

其中，"覆盖路径"是指该测试用例覆盖路径的分支序列；"覆盖的状态-条件组合"是指该分支序列上的各状态点和条件的组合（可不填）。

为了更好地进行遍历，可以借助状态转换树。为了使用状态转换树，首先要确定一个根节点，比如图 1-16 中处于"停止"状态的节点，然后从该状态往后延伸 3 个方向，可分别转换到"播放"状态、"前进"状态和"录音"状态。再分别从这 3 个状态往后延伸，直到所有的状态转换都包含到该状态转换树中。从根节点到最后的叶子节点之间的路径就是需要测试的路径。

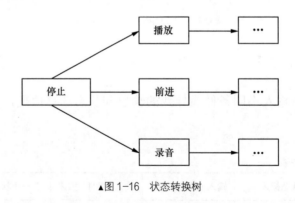

▲图 1-16　状态转换树

（4）选取测试数据，构造测试用例。

对于选定的每条需要测试的路径，结合等价类法、边界值分析法来确定每个状态节点的输入，沿着该路径并通过表格将各种测试数据的输入与输出对应起来，这样就完成了测试用例的设计。将从状态迁移图生成的完整的测试用例填入表 1-31 中。

表 1-31　从状态迁移图生成的完整的测试用例

用例 编号	测试用例 描述	覆盖 路径	覆盖的状态- 条件组合	优先级	预置 条件	步骤 编号	输入	输出

3. 案例 1-12

针对栈进行测试，用状态迁移图法设计测试用例。

（1）状态迁移图如图 1-17 所示。

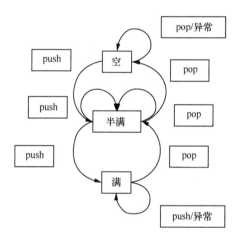

▲图 1-17　测试栈的状态迁移图

栈有 3 个状态——空、半满、满。这 3 个状态在事件 push、pop 下会相互转换，该状态迁移图表现出了这些转换关系。

（2）状态-事件表如表 1-32 所示。

表 1-32　测试栈的状态事件表

前一个状态	后一个状态	事件	动作
空	空	pop	抛出异常
空	半满	push	
半满	空	pop	

续表

前一个状态	后一个状态	事件	动作
半满	半满	pop	
半满	半满	push	
半满	满	push	
满	半满	pop	
满	满	push	

与状态迁移图一样，状态事件表也表现出了所有转换关系。

（3）状态转换树如图 1-18 所示。

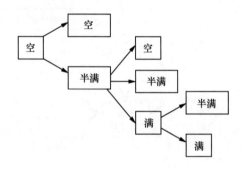

▲图 1-18　测试栈的状态转换树

根据状态转换树，可得到以下测试路径。

路径 1：空→空。

路径 2：空→半满→空。

路径 3：空→半满→半满。

路径 4：空→半满→满→半满。

路径 5：空→半满→满→满。

（4）针对每条路径，设计测试用例。

- 针对路径 1，可设计以下测试用例：新建一个长度为 2 的栈，调用 pop 方法，预计输出栈的状态仍然是空，且抛出异常。

- 针对路径 2，可设计以下测试用例：新建一个长度为 2 的栈，调用 push 方法，预计输出栈的状态变成半满；再调用 pop 方法，预计输出栈的状态变成空。

- 针对其他路径可设计类似的用例。

4. 案例 1–13

在不同事件的驱动下，某电话系统可以进入不同的状态，状态定义如表 1-33 所示。

表 1-33　电话系统的状态定义

状态编号	状态列表	状态信息说明
1	空闲状态	电话的初始状态
2	响拨号音的状态	拿起电话，处于尚未拨号的状态，系统会响拨号音
3	拨号中的状态	用户一个号码一个号码输入的时间里，电话所处的状态
4	连接中的状态	号码输入完毕，等待线路连接的时间里，电话所处的状态
5	响铃状态	线路连通，电话响铃的时间里，电话所处的状态
6	通话状态	对方拿起电话，和对方通话过程中，电话所处的状态
7	断连状态	对方通话完毕，对方挂断电话后，己方挂电话前，电话所处的状态
8	超出时间的状态	电话空闲时，拿起电话，一直没有拨号，超时时，电话所处的状态
9	播放录音信息的状态	电话空闲时，拿起电话，输入错误号码后，系统播放录音的状态
10	忙音状态	拿起电话拨打对方号码而对方电话占线时，电话所处的状态
11	快速忙音状态	拿起电话拨打对方号码而中断线忙时，电话所处的状态

电话系统的状态迁移图如图 1-19 所示。

可用状态迁移图法设计测试用例。

无论是状态迁移图还是状态事件表，都是为了展示需要测试的状态转换。因此，只要能写出所有的状态转换，就不必画状态迁移图和展示状态事件表。这里直接画状态转换树即可，状态转换树如图 1-20 所示。

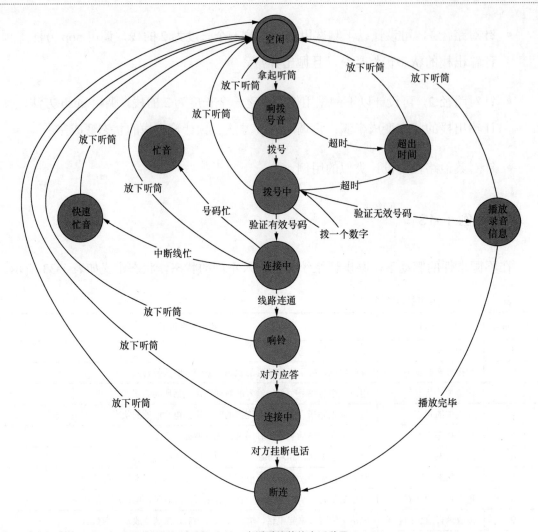

▲图 1-19　电话系统的状态迁移图

从状态转换树可以得到以下 13 条测试路径。

路径 1：空闲→响拨号音→超出时间→空闲。

路径 2：空闲→响拨号音→拨号中→空闲。

路径 3：空闲→响拨号音→拨号中→播放记录信息→空闲。

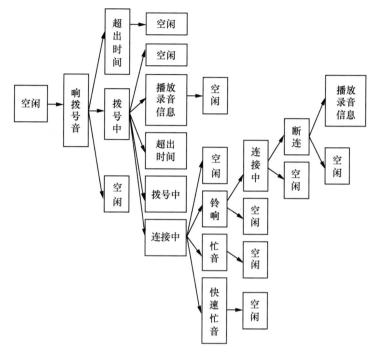

▲图 1-20 电话系统的状态转换树

路径 4：空闲→响拨号音→拨号中→超出时间。

路径 5：空闲→响拨号音→拨号中→拨号中。

路径 6：空闲→响拨号音→拨号中→连接中→空闲。

路径 7：空闲→响拨号音→拨号中→连接中→铃响→连接中→断连→播放记录信息。

路径 8：空闲→响拨号音→拨号中→连接中→铃响→连接中→断连→空闲。

路径 9：空闲→响拨号音→拨号中→连接中→铃响→连接中→空闲。

路径 10：空闲→响拨号音→拨号中→连接中→铃响→空闲。

路径 11：空闲→响拨号音→拨号中→连接中→忙音→空闲。

路径 12：空闲→响拨号音→拨号中→连接中→快速忙音→空闲。

路径 13：空闲→响拨号音→空闲。

针对每条测试路径，设计测试用例。

针对每条路径，至少设计一个测试用例。

5. 实际应用

状态迁移图法的核心在于通过状态转换树将不同状态之间的转换串起来进行测试。这里所说的转换也可以看成迁移、改变，因此涉及改变的地方可以考虑使用状态迁移图法。状态迁移图法主要适用于以下两种情况。

- 播放器、手机等存在工作状态不断改变的系统。

- 编辑功能，比如，修改字体颜色、修改字体大小等。

播放器案例已经介绍过，接下来介绍编辑功能。比如，现在字体颜色有红、蓝、黄这 3 种颜色，如果要测试这几种颜色之间的转换，则可以考虑采用状态迁移图法，将其中的颜色作为状态。

状态转换树如图 1-21 所示。

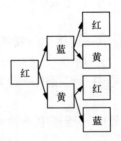

▲图 1-21　编辑功能中的状态转换树

用 4 个测试用例来进行测试即可。

6.　总结

状态迁移图法用于测试各种状态之间的转换、状态之间跳转的正确性以及是否有些状态未可达。这些状态转换的测试工作在实际中容易遗漏，因此采用状态迁移图法可以减少测试中的遗漏。

7.　练习

练习 1-7　手机中 MP3 播放功能的状态-事件表如表 1-34 所示。其中，R 键用于倒退，P 键用于播放，F 键用于前进，RC 键用于录音，S 键使播放器处于空闲状态。当没有选择 MP3 曲目时，不能按任何键；当 MP3 曲目在起点时，不能按 R 键；当 MP3 曲目在终点时，不能按 P、F 键。请用状态迁移图法设计用例。

表 1-34　MP3 播放功能的状态-事件表

在空闲状态下可以进行的事件	在倒退状态下可以进行的事件	在播放状态下可以进行的事件	在前进状态下可以进行的事件	在录音状态下可以进行的事件
倒退		倒退	倒退	
播放	播放		播放	
前进	前进	前进		
录音				
使播放器处于空闲状态	使播放器处于空闲状态	使播放器处于空闲状态	使播放器处于空闲状态	使播放器处于空闲状态

1.1.7　流程分析法

1.　什么是流程分析法

流程分析法是指对业务功能分析的进一步细化，这是从白盒测试中路径覆盖法借鉴过来的一种很重要的方法。在白盒测试中，路径就是指函数代码的某个分支组合，路径覆盖法需要我们构造足够的测试用例以覆盖函数的所有代码路径。在黑盒测试中，将软件系统的某个业务流程看成路径，分析业务路径上的功能点，采用路径分析的方法对该条路径上的功能点设计测试用例。采用路径分析的方法设计测试用例有两点好处：一是降低了测试用例设计的难度，只要清楚了各种业务流程，就可以设计出高质量的测试用例，而不用太多测试方面的经验；二是在测试时间较紧的情况下，可以有的放矢地选择测试用例，而不用完全根据经验来取舍。

2. 如何使用流程分析法

流程分析法具体的实施步骤如下。

（1）画出业务流程图。

熟悉软件系统业务，查找最基本的业务功能，分析基本业务功能之间的顺序，画出基本流程图。首先，从其最基本的流程入手，将流程抽象成不同的单功能点，再按顺序执行。然后，在基本流程的基础上考虑次要的或者异常的流程，从而将各种流程逐渐细化。最后，绘制针对该测试子项的完整流程，如图 1-22 所示。这样既可以逐渐加深对流程的理解，又可以将各个看似孤立的流程关联起来。

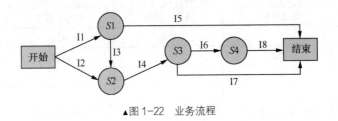

▲图 1-22　业务流程

在画业务流程图时需要注意以下两点。

- 圆圈代表业务流程中的功能点，箭头描述功能点之间的迁移。

- 需要描述正常流程和异常流程。

（2）确定测试路径。

分析绘制好的流程图，确定业务流程中的测试路径（如图 1-22 中的开始→结束），为防止遗漏，可以为测试路径编号。确定每个分支的优先级，并将组成路径的各分支的优先级相加就得到路径的优先级。给每条路径设定优先级，这样在测试时就可以先测试优先级高的，再测试优先级低的，在时间紧迫的情况下甚至可以忽略一些低优先级的路径。根据优先级的排序就可以更有针对性地进行测试。

注意： 如果在分析过程中发现有些状态在其他功能流程中已经分析过，可以不重复分析。

分支优先级可根据两条原则来选取：一是根据分支使用的频率，使用越频繁，优先级越高；二是根据分支的重要程度，失败对系统的影响越大，优先级越高。将根据两条原则所得到的路径中各分支的优先级相加，就得到整个路径的优先级。

根据每条路径的优先级和测试进度情况，选取需要测试的路径，达到规定的路径覆盖率。这里每条路径对应一个或几个测试用例。将测试用例的规格填入表 1-35 中。

表 1-35　覆盖测试节点的测试用例的规格

用例编号	测试用例	覆盖路径	覆盖的节点

其中，"覆盖路径"是指该用例覆盖的路径的分支序列；"覆盖的节点"是指在该分支序列上某个或某几个状态点处输入的等价类点或边界点（可不填）。

对于有向图，通常采用基本路径覆盖法。对于每条基本路径，规划一个用例，对其进行覆盖。这里需要了解以下几个概念。

- 环路复杂度：有向图的闭合区域数加 1。

- 基本路径：至少包含一条在其他基本路径中从未有过的边的路径。

- 基本路径数：等于环路复杂度。

在计算环路复杂度（圈数）时，入口点要求入度（进入分支数）为 0，出度（出发分支数）为 1；出口点要求出度为 0，入度为 1。如果入口点不符合入度、出度要求，则可以在入口点上增加一个节点作为纯入口节点。对于出口点，也可进行类似处理。经过上述处理后，入口点、出口点既不会出现在路径首末端，也不会出现在路径中间。

进行以上处理后，再分析有向图的基本路径。按照基本路径的定义，至少包含一条在其他基本路径中从未有过的边的路径,这个定义很容易产生歧义。这里可参考线性空间的概念来理解,基本路径相当于所有路径空间(当有循环并且为有向有环图时,路径数可能为无穷)的一组基本路径,即路径空间的其他任意路径都可以由这些基本路径组成(这里的组合需要理解成向量基的四则运算,只能沿路径的正向和逆向进行运算)。如果一条路径可以由已有基本路径组成,则这条路径不是一条基本路径。

(3)选取测试数据,构造测试用例。

对于选定的每条需要测试的路径,结合等价类法、边界值分析法,确定每个功能节点的输入,沿着该路径通过表格将各种测试数据的输入与输出对应起来,这样就完成了测试用例的设计。将从测试路径转化成的测试用例填入表 1-36 中。

表 1-36　从测试路径转化成的测试用例

用例编号	测试用例描述	覆盖路径	覆盖的节点	优先级	预置条件	步骤编号	输入	输出

3. 案例 1-14

针对 ATM 的取款流程(见图 1-23)进行测试。

对应的需求如下。

- 用户向 ATM 中插入银行卡,如果银行卡是合法的,则 ATM 界面提示用户输入提款密码;如果插入无效的银行卡,那么在 ATM 界面上提示用户"您使用的银行卡无效",3s 后,自动退出该银行卡。然后,使用其他有效的银行卡可以正常取款。

- 用户输入该银行卡的密码,ATM 向银行主机传递密码,检验密码的正确性。如果输入的密码正确,则提示用户输入取款金额,提示信息为"请输入您的提款额度";如果用户输入的密码错误,则提示用户"您输入的密码无效,请重新输入",

返回用户输入密码的界面；如果用户连续 3 次输入错误的密码，则 ATM 吞卡，并且 ATM 返回初始界面。此时，其他提款人可以继续使用其他合法的银行卡在 ATM 上提取现金。

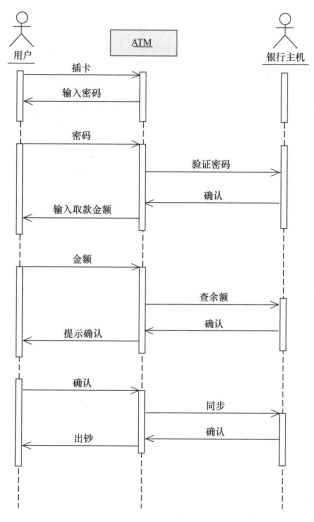

▲图 1-23　ATM 的取款流程

- 用户输入取款金额，系统校验金额正确，提示用户确认，提示信息为"您输入的金额是×××，请确认，谢谢"。用户按下确认键，确认需要提取的金额。如果用户输入的单笔提款金额超过单笔提款上限，ATM 界面提示"您输入的金额错误，单笔提款上限金额是 1500 元，请重新输入"；如果用户输入的单笔金额不是以 100

元为单位的，那么提示用户"您输入的提款金额错误，请输入以 100 为单位的金额"；如果用户在 24 小时内提取的金额大于 4500 元，则 ATM 提示用户"24 小时内只能提取 4500 元，请重新输入提款金额"；如果 ATM 中余额不足，则提示用户"抱歉，ATM 中余额不足"，返回用户登录之后的界面，可以重新输入取款金额。

- 系统与银行主机同步，点钞票，出钞，并且减掉数据库中该用户账户中的存款金额。如果用户银行账户中的存款小于提款金额，则提示用户"抱歉，您的存款余额不足"，返回用户登录之后的界面，用户可以重新输入取款金额；如果 ATM 与银行主机之间的通信超时 10s，则本次操作取消，提示用户"抱歉，链接超时，本次操作取消"，并且将银行卡退出。

- 用户提款，银行卡自动退出，用户取走现金，取出银行卡，ATM 恢复到初始界面。如果用户没有取走现金，或者没有取出银行卡，ATM 警告装置开始蜂鸣。用户取走银行卡后，蜂鸣停止。其他用户可以继续使用银行卡取款。

（1）根据以上需求，画出业务流程图。

业务流程图包含 ATM 的提示信息以及用户的操作：后者对应测试用例中的测试步骤部分；而前者对应测试用例中的预期输出部分，比如，插入卡后的预期输出是 ATM 提示输入密码。

（2）确定测试的路径。

有了业务流程图就很容易确定测试路径，也就是需要测试的业务流程。业务流程主要包含 3 类。

- 基本的：对应一次性取款成功。

- 分支的：对应取款失败，包含退卡和吞卡。

- 循环的：对应中间出现意外，比如，密码输出错误，但最终取款成功。

（3）进行测试用例的设计。

针对每条路径，设计 1 个测试用例即可，因为目的是验证流程是否正确。

4. 实际应用

流程分析法主要用于有先后顺序的测试，主要针对业务流程的测试和安装流程的测试。

5. 总结

流程分析法的重点在于测试流程，因此每个流程用一个测试用例验证即可。流程测试没有问题并不能说明系统的功能没有问题，还需要针对单步的功能来进行测试。只有这两者都测试到，才能算是比较充分的测试。

6. 练习

练习 1-8 某保险软件的信息发布、修改流程如图 1-24 所示。请采用流程分析法进行测试用例设计。

练习 1-9 QQ 的安装。可从腾讯官网下载最新的 QQ 安装包，QQ 安装流程可采用流程分析法进行测试用例设计。

1.1.8 输入域测试法

1. 什么是输入域测试法

输入域测试法是一种综合的方法，综合了前面提到的等价类划分法、边界值分析法。这里提到的输入域就是指各种各样的输入值。输入域测试法主要考虑以下 3 个方面。

- 极端测试（Extremal Testing）：需要选择测试数据以覆盖输入域的极端情况。

- 中间范围测试（Midrange Testing）：选择域内部的数据进行测试。

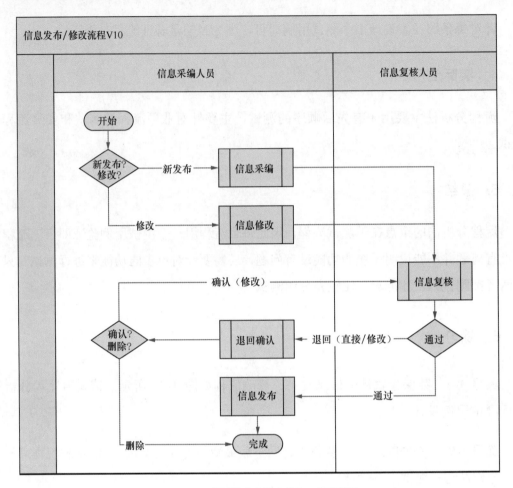

▲图 1-24 保险软件的信息发布、修改流程

- 特殊值测试（Special Value Testing）：根据业务中要进行特殊处理的数值来选择测试数据。这个过程尤其适合数学计算。例如，根据正弦函数的周期，可以使用 2π 不同倍数的测试数据。

2. 如何使用输入域测试法

输入域测试法是在等价类划分法、边界值分析法的基础上考虑特殊值测试的方法，因此从步骤上来讲，需要基于等价类划分法、边界值分析法的测试结果考虑特殊值的测试。

关于输入域测试法，注意以下两方面。

- 特殊值：主要和输入的特点有关，需要了解系统对该输入的存储和处理。

- 长时间输入：对于那些没有限制长度的长时间的持续输入，应查看是否存在因为输入的数据在内存中越界而导致系统故障的情况。

3. 案例 1-15

前面已介绍过等价类和边界值，这里重点介绍特殊值。比如，2038 年就是一个特殊值，目前大部分软件中都存在一个和 2038 年相关的 bug，这个 bug 产生的原因如下。

time_t 是 C/C++ 等编程语言在内部代表/存储日期和时间的一种数据类型。time_t 是一个代表秒数的整数，当它的值为 0 时，代表的时间是 1970 年 1 月 1 日 12∶00∶00；当 time_t=60 时，则表示 1970 年 1 月 1 日 12∶01∶00，依次类推。

所有 32 位计算机系统都用带符号 32 位整数来存储 time_t 的值。也就是说，t_time 只能用 31 位二进制数表示（第 1 位用来表示正负号），其最大值转换为十进制是 2 147 483 647，换算成日期和时间刚好是 2038 年 1 月 19 日 03∶14∶07am（GMT），这一秒过后，t_time 的值将变成–2 147 483 647，代表的是 1901 年 12 月 13 日 8∶45∶52pm，这样 32 位软硬件系统的日期时间显示就都乱套了。另外，无法接受 time_t 为负值的其他功能也将返回错误。

举个实际的例子来说，一般情况下登录某聊天软件，给好友发个消息没问题，如果现在把系统时间更改为 2038 年 1 月 19 日 03∶14∶07am 之后，再发消息，该聊天软件将崩溃。

1.1.9 输出域分析法

1. 什么是输出域分析法

在前述域测试法（含等价类法、边界值分析法、输入域测试法）中，是针对系统的输入域进行分析的，设计的测试用例覆盖了输入域的等价类和边界值。因为系统的输出和输入之间一般并不是线性关系，所以从输出域的角度来看，虽然这些测试用例覆盖了输入域所有等价类和边界值的用例，但并不一定能完全覆盖输出域的等价类和边界值。因此，我们有必要对输出域进行等价类和边界值分析，确定要覆盖的输出域样点，然后反推出应该输入的输入值，从而构造出测试用例。这种测试方法就是输出域分析法，它的目的是覆盖输出域的等价类和边界值。

2．如何使用输出域分析法

输出域分析法具体的实施步骤如下。

（1）针对输出域，划分等价类（可选）。

在划分过程中，可以将划分结果填写到表 1-37 中。

表 1-37　输出域的等价类划分结果

输出编号	输出名	有效等价类编号	有效等价类	无效等价类编号	无效等价类

（2）分析样点。

针对每个等价类区域，分析其上点、离点、内点，将结果填写到表 1-38 中。

表 1-38　输出域的边界点

等价类编号	等价类名	上点	离点	内点

（3）确定覆盖的输出点，然后反推出应该输入的输入值，从而构造出测试用例。

从划分出的等价类中按以下 3 条原则设计测试用例。

- 为每一个等价类区域的内点、上点和离点规定一个唯一的编号。

- 设计一个新的测试用例，使它输出尽可能多地覆盖尚未被覆盖的有效等价类的内点、上点和离点，重复这一步，直到所有输出的有效等价类点都被覆盖为止。

- 设计一个新的测试用例，使其输出仅覆盖一个尚未被覆盖的无效等价类的内点、上点和离点，重复这一步，直到所有输出的无效等价类的内点、上点或离点都被覆盖为止。

将设计的测试用例填写到表 1-39 中。

表 1-39　输出域的测试用例

用例编号	测试用例	覆盖的输出等价类编号	覆盖的输出样点

3. 案例 1-16

Counter 软件是一个代码统计工具。打开 Counter 1.0 界面（见图 1-25），在其中选择要统计的.c 文件，再选择要统计的项目（可以统计代码行，统计注释行，统计空行，统计总行），单击"开始统计"按钮即可。

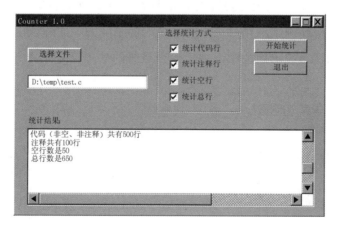

▲图 1-25　Counter 1.0 界面

输出的代码行数满足以下条件。

- 若检查到参数"源文件全路径"中的文件扩展名不是.c，在弹出的对话框中提示用户"文件'源文件全路径'不是*.c，文件类型非法，请重新选择文件"。

- 若检查到参数"源文件全路径"中所指向的文件不存在或者被其他应用程序采用独占的方式打开，提示用户"无法打开该文件，请重新选择文件"。

- 若检查到参数"源文件名"中的文件大于 1 MB，在弹出的对话框中提示用户"文件'源文件全路径'超过 1 MB，无法统计，请选择其他文件"。

- 在统计.c 文件中的代码行数后，输出"代码（非空、非注释）共有××××行"。

如果采用输出域分析法，则测试用例首先要包含这 4 种情况。另外，对于第 4 种情况，代码行数虽有其取值范围[0，最大值]，但还需要对 0 和最大值这两个边界值进行覆盖。

1.1.10　异常分析法

1. 什么是异常分析法

异常分析法就是针对系统有可能存在的异常操作、软硬件缺陷引起的故障进行分析，根据分析结果设计测试用例，主要对系统的容错能力、故障恢复能力进行测试。简单来说，就是人为让系统出现故障，然后检查系统的故障恢复能力。

2. 如何使用异常分析法

异常分析法的步骤非常简单，依赖于测试者的经验。

（1）针对系统，罗列可能的故障。

这些故障包含软件和硬件方面的故障。常见的故障有以下几种：

- 断电；

- 断网；

- 硬件损坏；

- 数据损坏；

- 内存不够。

为了能更好地罗列故障信息，需要多查看用户反馈的故障报告，多深入了解被测系统。

（2）针对每种可能的故障，设计测试用例。

在设计测试用例时，主要考虑如何更有效、更经济地制造各种故障。

3. 案例 1-17

为了对某在线音乐播放器进行测试，需要考虑断网的异常。从测试用例的角度来说，就是先用该播放器播放歌曲，然后拔掉网线，人为制造断网的故障，过一段时间后再插上网线，恢复网络，并查看播放器是否还能正常工作。

1.1.11 错误猜测法

1. 什么是错误猜测法

在软件测试中，可以靠经验和直觉推测系统中可能存在的各种错误，从而针对性编写检查这些错误的例子，这就是错误猜测法。其基本思想是：根据以往的测试经验和对系统内部知识的了解，列出系统中各种可能有的错误和容易发生错误的特殊情况，再根据它们来设计测试用例。随着在产品测试实践中对产品的深入了解，基于测试经验，使用错误猜测法设计的测试用例往往非常有效，可以作为测试设计的一种补充手段。积累的经验越丰富，方法的使用效率越高。

错误猜测不是没有章法的猜测，它需要依据对系统薄弱环节的了解和对开发人员盲点的了解。同时，还需要了解错误，以及缺陷的分类。了解了缺陷的分类后，更有利于定性地从大的方面系统地发现错误，提高错误推测的全面性以及测试用例的命中率（有效性）。关于缺陷的分类，如果公司已经进行了正交缺陷分类，那么可以参考公司的有关缺陷分类文档；如果没有，则最好进行定义。缺陷分类活动和错误猜测法的区别是，缺陷分类活动是对缺陷进行定性分类并找出改进点，主要关注缺陷预防；错误猜测法关注设计测试用例以发现问题。

错误猜想法虽然有时非常有效，但要注意错误猜测法只能作为测试设计的补充，而不能单独用来设计测试用例，否则可能造成测试的不充分。也就是说，错误猜测法只针对系统可能存在的薄弱环节进行补充测试，而不是为了覆盖而测试。

2.　如何使用错误猜测法

错误猜测法具体的实施步骤如下。

（1）确定合适的错误猜测检查表。

在进行错误猜测前，需要根据软件的具体特点制定错误猜测检查表，使错误猜测法适合在本软件当前版本的测试用例设计中有效地使用。该检查表可以根据缺陷分类文档来合理设计，以保证检查表的完整性。表 1-40 是错误猜测检查表的样例。

表 1-40　错误猜测检查表的样例

类别一	类别二	易错误点	有/无	备注
软件特有的错误特点	历史版本错误易发点	继承版本 VxxxRyyyBzzz 数据配置一致性处理之后错误很多		
		继承版本 VxxxRyyyBzzz 的数据库倒换备份容易出现问题		
		⋮		
	开发人员错误易发点	某开发人员容易忽略并行处理		
		某开发人员输入的英文信息常有错误		
		⋮		
	⋮			
软件共有的错误特点	用户接口	应用输入强制产生所有错误信息		
		通过强制性软件建立有默认值的输入		
		探究允许的字符集合和数据类型		

续表

类别一	类别二	易错误点	有/无	备注
软件共有的错误特点	用户接口	输入缓冲区溢出		
		找出可能会相互作用的输入及其组合		
		多次重复同样的输入和输入序列		
		使用不同的初始条件实现输入		
		强制每个输入产生不同的输出		
		强制无效输出		
		强制改变输出属性		
		强制屏幕刷新		
		赋予无效文件名		
		改变文件访问许可		
		更改或破坏文件内容		
		⋮		
	系统接口	模拟能执行所有错误处理代码并遍历所有异常的故障		
		强制数据结构存储过多或过少的值		
		发现不充分的共享数据或交互的功能部件		
		考察内部数据约束（大小、维数、类型、形状、状态、位置）或系统指标的相关限制		如年的范围：1980—2099
		按容量填满文件系统		
		强制介质忙或不可用		
		毁坏介质		
		处理内存耗尽的问题		
		处理网络故障		
		⋮		
	硬件、模块异常	模拟资源限制极限，超负荷运行		
		强制系统某一个硬件模块失效		
		强制系统某一个软件模块（进程级别）失效或不能完全正常工作		
		根据产品内部模块间的耦合关系，强制子系统（某几个模块的组合）失效来观察系统的运行状况		
		强制模块间（特别是互为备份的模块间）的通信异常或失效		
		在负荷分担方式下，验证系统在负荷异常增加时的运行情况		
		系统/模块失效或掉电后系统恢复（双总线结构系统的总线失效、双平面结构的系统中单平面的内部组件失效）		

续表

类别一	类别二	易错误点	有/无	备注
软件共有的错误特点	信息冗余类的异常测试	数据库的事务完整性异常		
		数据库锁的异常处理		
		数据库的备份与恢复异常（各种备份方式及条件）		
		存储物理设备异常恢复（心跳线异常、网络中断、网络风暴、掉电）		
		协议消息中的信元异常		
		协议消息时序异常		
		⋮		
	时间冗余类的异常	握手中断（重发和握手）		
		定时器异常		
		⋮		

（2）确定需要进行错误猜测的测试子项。

错误猜测法并不是任何时候在每个地方都可以使用。对于简单的功能验证，在影响因素已经非常清楚的情况下就没有必要进行各种错误猜测。对于影响因素比较复杂的测试，除常规测试设计方法之外，可能需要使用错误猜测法进行测试设计的补充。特别是在测试需求分析活动中就应该确定哪些测试子项需要运用错误猜测法进行测试设计。

（3）根据检查表，检查对应测试子项的规格，进行错误猜测。

确定了需要进行错误猜测的测试子项与错误推测检查表以后，就要将每个测试子项的规格按照检查表逐一比对，如果发现对应的"易错误点"（在检查表中），标记"有"，并将具体的内容写入"测试用例"列中，直到全部错误猜测的测试子项对比、分析完毕。测试用例覆盖情况如表 1-41 所示。

表 1-41　测试用例覆盖情况

用例编号	测试用例	覆盖的易错误点

3. 案例 1–18

编写一段程序来重新格式化文本，具体如下。

一个文本以 ENDOFTEXT 字符结尾，并且文本内的字之间使用空格或者换行符隔开，根据下面的规则，把该文本转换成一行接一行的格式。

- 行在文本中的空格或换行符处中断。

- 行尽可能长。

- 没有行可以超过 MAXPOS 长度的字符。

这种格式会让一个有经验的程序员怀疑程序能否在下面这些情况下正确工作（可以从这些情况中选择测试用例）。

- 输入文本长度是零。

- 文本包含一个非常长的字（超过 MAXPOS）。

- 文本除空格和换行符外没有其他别的字符。

- 一个文本有一个空行。

- 字被两个或多个换行符或空格分隔。

- 以空格为行的开始或结束字符。

- 文本包含数字或特殊字符。

- 文本包含不可打印字符。

- MAXPOS 被设置为一个超过系统默认行长度的数字。

1.1.12　总结

表 1-42 归纳了主要的黑盒测试用例设计方法。

表 1-42　黑盒测试用例设计方法的总结

方法名称	特点	不足	测试类型	系统类型	备注
等价类划分法、边界值分析法	分类、覆盖	不考虑组合	所有类型	所有系统	需要关注数据背后的信息
判定表法、因果图法	全排列组合、人工化简	比较烦琐	功能测试	控制系统、游戏	用于测试比较复杂的处理过程
正交试验法	两两组合、自动选取	不关心组合的实际意义	功能测试、配置测试	所有系统	关键是正交表的选取
状态迁移图法	测试修改		功能测试	手机、MP3	编辑修改功能也可采用
流程分析法	测试流程		功能测试、安装测试	金融系统、物流系统、电子商务系统	适用于业务流程复杂的系统，只检查流程，不保证单个功能的正确性

1.2　白盒测试用例设计方法

有时在黑盒测试中虽然没有发现问题，但是并不能说明程序代码中没有缺陷。比如，虽然在程序代码中存在着一些内存泄露，但是因为在黑盒测试中的运行时间短，所以并不能发现问题。再比如，程序中往往存在着很多的异常处理分支语句，在黑盒测试中，有些分支可能并没有测试到。而没有测试到的代码不能保证它运行正确，在以后的系统运行过程中，如果执行到这些分支语句，则很可能出现问题。另外，如果有些异常或错误情况在系统测试过程中很难满足条件，就需要使用白盒测试方法分析源代码（确认何时能够触发这些代码的运行，触发条件是否合理，能否达到要求）。

当我们了解了白盒测试与黑盒测试之间的互补关系后，还要系统了解白盒测试方法。由于白盒测试主要检查程序的内部结构，因此根据被测程序是否运行，白盒测试也可分为静态白盒测试和动态白盒测试两种。

下面先对动态白盒测试方法进行说明。假设下列代码需要进行测试。

```
public int simpleCal(int A,int B,int X){
    if(A>1&&B==0){
        X=X/A;
    }
    if(A==2||X>1){
        X=X+1;
    }
    return X;
}
```

1.2.1 语句覆盖法

在测试时，首先设计若干个测试用例，然后运行被测程序，使程序中的每条可执行语句至少执行一次，即 $X=X/A$ 和 $X=X+1$ 都要执行，如图 1-26 所示。

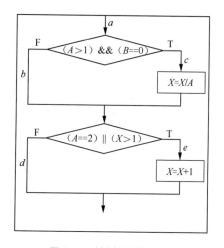

▲图 1-26 被测程序的流程图

根据要求，设计如下两个用例。

用例 1 如下。

A = 2

$B = 0$

$X = 3$

用例 2 如下。

$A = 2$

$B = 1$

$X = 3$

按照语句覆盖的要求，计算出用例 1 能达到 100%的语句覆盖率，用例 2 不能达到 100%的语句覆盖率。

1.2.2　判定覆盖法

在测试时，首先设计若干个测试用例，然后运行被测程序，让程序中每个分支都至少执行一次。

根据要求，设计如下两个用例。

用例 1（路径 $a \rightarrow c \rightarrow e$）如下。

$A = 2$

$B = 0$

$X = 3$

用例 2（路径 $a \rightarrow b \rightarrow d$）如下。

$A = 1$

$B = 0$

$X = 1$

以上两个用例刚好可以满足判定覆盖法的要求。

1.2.3　条件覆盖法

在测试时，设计若干个测试用例，然后运行被测程序，要使每个判断中的每个条件至少一次取真、一次取假。条件覆盖法的条件取值与标记如表 1-43 所示。

表 1-43　条件覆盖法的条件取值与标记

条件	取值	标记	条件	取值	标记
$A>1$	真	$T1$	$A=2$	真	$T3$
	假	$F1$		假	$F3$
$B=0$	真	$T2$	$X>1$	真	$T4$
	假	$F2$		假	$F4$

为了满足上述要求，设计了以下两组用例，分别如表 1-44 与表 1-45 所示。从两个表中可以看到，第 2 组用例的数量更少，效率更高。

表 1-44　条件覆盖法的第 1 组测试用例

测试用例	A　B　X	所走路径	覆盖的条件
用例 1	2　0　3	$a \to c \to e$	$T1$、$T2$、$T3$、$T4$
用例 2	1　0　1	$a \to b \to d$	$F1$、$T2$、$F3$、$T4$
用例 3	2　1　1	$a \to b \to e$	$T1$、$F2$、$T3$、$F4$

表 1-45　条件覆盖法的第 2 组测试用例

测试用例	A　B　X	所走路径	覆盖的条件
用例 1	1　0　3	$a \to b \to e$	$F1$、$T2$、$F3$、$T4$
用例 2	2　1　1	$a \to b \to e$	$T1$、$F2$、$T3$、$F4$

1.2.4　判定条件覆盖法

在测试时，首先设计若干个测试用例，然后运行被测程序，使得判断中的每个条件所有可能的取值至少出现一次，并且每个判断本身所有的结果也至少出现一次（见图 1-26）。

根据题目要求，设计如下两个用例，如表 1-46 所示。

表 1-46　判定条件覆盖法的测试用例

测试用例	A B X	覆盖的条件	覆盖的判断
用例 1	2　0　3	T1　T2　T3　T4	T1　T2
用例 2	1　1　1	F1　F2　F3　F4	F1　F2

1.2.5　条件组合覆盖法

在测试时，首先设计若干个测试用例，然后运行被测程序，使得所有可能的条件组合都出现一次（见图 1-26）。

首先列出我们要考虑的条件组合的取值，并对它们进行编号，如表 1-47 所示。

表 1-47　条件组合的取值

组合编号	条件组合的取值	覆盖的判断	组合编号	条件组合的取值	覆盖的判断
①	$A>1, B=0$	T1、T2	⑤	$A=2, X>1$	T3、T4
②	$A>1, B\neq0$	T1、F2	⑥	$A=2, X\leq1$	T3、F4
③	$A\leq1, B=0$	F1、T2	⑦	$A\neq2, X>1$	F3、T4
④	$A\leq1, B\neq0$	F1、F2	⑧	$A\neq2, X\leq1$	F3、F4

根据题目要求，设计用例，如表 1-48 所示。从表中可以看到，4 个测试用例覆盖了 100% 的条件、分支。

表 1-48　条件组合覆盖法的测试用例

测试用例	A B X	覆盖的组合	所走路径
用例 1	2　0　3	①⑤	$a \to c \to e$
用例 2	2　1　1	②⑥	$a \to b \to e$
用例 3	1　0　3	③⑦	$a \to b \to e$
用例 4	1　1　1	④⑧	$a \to b \to d$

1.2.6　路径覆盖法

在判定条件覆盖法中，从路径角度看仅覆盖了 4 条路径，漏掉了路径 $a \to c \to d$，所以覆盖并不充分。而路径覆盖法要求在测试时，首先设计若干个测试用例，然后运行被测程序，要求覆盖程序中所有可能的路径。一旦满足了这个要求，将对程序进行彻底覆盖。因为只要达到了 100% 的路径覆盖率，就一定能完全满足判定覆盖和条件覆盖，参见图 1-26。

为了满足路径覆盖的要求，我们设计了如下用例，如表 1-49 所示。

表 1-49 路径覆盖法的测试用例

测试用例	A	B	X	覆盖的路径	测试用例	A	B	X	覆盖的路径
用例 1	2	0	3	$a \to c \to e$	用例 3	2	1	1	$a \to b \to e$
用例 2	1	0	1	$a \to b \to d$	用例 4	3	0	1	$a \to c \to d$

1.2.7 基本路径覆盖法

路径覆盖法虽然能保证程序代码被完全覆盖，但是当遇到图 1-27 所示的流程图时，

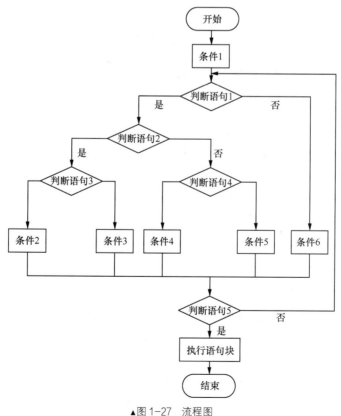

▲图 1-27 流程图

使用路径覆盖法也有难度。

图 1-28 中包含的不同执行路径数达 5^{20} 条，假定测试每一条路径需要 1ms，一年工作 365×24 小时，要想测试完所有路径，则需要 3170 年。在测试中完全覆盖所有的路径是无法实现的。为了解决这一难题，只得把覆盖的路径数精简到可测试的限度内。

基本路径覆盖法是在程序控制流图的基础上，通过分析控制结构的环路复杂性，导出基本的可执行路径集合，设计测试用例的方法。该方法把覆盖的路径数精简到可测试的限度内，程序中的循环体最多只执行一次。设计出的测试用例要保证在测试中程序的每一条可执行语句至少要执行一次。

程序的控制流图常用结构如图 1-28(a)～(e)所示。其中，符号〇为控制流图的一个节点，表示一条或多条无分支的源程序语句。箭头为边，表示控制流的方向。

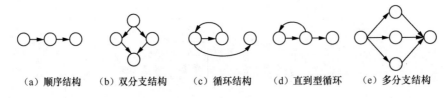

(a) 顺序结构　(b) 双分支结构　(c) 循环结构　(d) 直到型循环　(e) 多分支结构

▲图 1-28　控制流图常用结构

在选择分支结构中（见图 1-29），分支的汇聚处应有一个汇聚节点。边和节点圈定的地方叫区域。当对区域计数时，图形外的区域也应记为一个区域。如果判断语句中的条件表达式是由一个或多个逻辑运算符（OR、AND）连接的复合条件表达式，则要创建一个新的汇聚节点以使控制流图更加清晰。

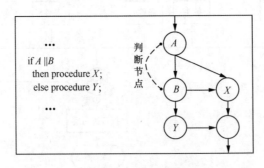

▲图 1-29　选择分支结构

以图 1-30（a）所示的流程图为例，按照前面提过的原则可以得到图 1-30（b）的控制流图，其中，1～11 表示节点，9、10 就是之前谈到的汇聚节点，节点与节点之间的连线表示边，R_1～R_4 表示区域。

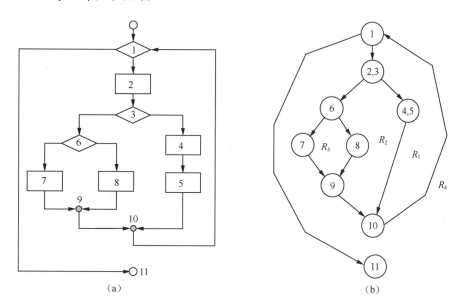

（a）   （b）

▲图 1-30　控制流图的示例

控制流图介绍完之后，我们要谈到一个新的概念"程序环路复杂度"。程序环路复杂度（即圈复杂度）就是程序基本路径集中的独立路径数量，这是确保程序中每条可执行语句至少执行一次所必需的测试用例数目的上界。

独立路径是至少包含一条在其他独立路径中从未有过的边的路径。程序环路复杂性和区域数一致。例如，在图 1-31 所示的控制流图中，可得到一组独立的路径。

路径 1：1→11。

路径 2：1→2→3→4→5→10→1→11。

路径 3：1→2→3→6→8→9→10→1→11。

路径 4：1→2→3→6→7→9→10→1→11。

路径 1、路径 2、路径 3、路径 4 组成了控制流图的一个基本路径集。

程序环路复杂度还有另一种算法。

$$V(G)=E–N+2$$

其中，$V(G)$ 为圈复杂度；E 代表边；N 代表节点。

那么图 1-31 中的 $V(G)$=11–9+2；圈复杂度的结果是 4，与我们直接寻找的独立路径数一致。

在实际使用过程中，推荐基本路径覆盖法，步骤如下。

（1）导出流图。

（2）确定流图的环路复杂性。

（3）确定独立路径的基本集。

（4）导出测试用例，确保基本路径集中每一条路径的执行。

（5）根据判断节点给出的条件，选择适当的数据以保证某一条路径可以测试到（用逻辑覆盖法）。

1.2.8　循环路径测试

基本路径覆盖法将循环限制在最多一次，这样虽然大大降低了需要覆盖的路径的条数，但对循环的测试不充分，因此还需要对循环路径进行测试。

循环路径测试包含简单循环测试和嵌套循环测试。

简单循环测试（见图 1-31）主要考虑以下几点。

- 零次循环：从循环入口到出口。

- 一次循环：检查循环初始值。

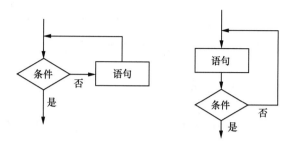

▲图 1-31 简单循环测试

- 两次循环：检查多次循环。

- m 次循环：检查更多次循环，反映执行典型的循环的执行次数。

- 最大次数的循环。

- 比最大次数多一次的循环。

- 比最大次数少一次的循环。

- 对于增量和减量不是 1 的循环。

嵌套循环测试（见图 1-32）主要考虑以下 4 点。

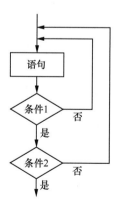

▲图 1-32 嵌套循环测试

- 对最内层循环做简单循环的全部测试，把其他层的循环次数设置为最小值。

- 逐步外推，对外层循环进行测试。在测试时，保持所有外层循环的循环次数取最小值，对其他嵌套的内层循环的次数取"典型"值。

- 反复进行，直到所有循环测试完毕。

- 对全部循环同时取最小循环次数，或者同时取最大循环次数。

1.2.9　单元测试用例设计案例

针对 getWordFromStr() 函数进行单元测试用例设计。该函数的信息如表 1-50 所示。

表 1-50　getWordFromStr() 函数的信息

原型	String getWordFromStr(String pStr,int ulPos)
描述	该函数用于将一个长字符串 pStr 中的第 ulPos 个单词提取出来，该单词长度小于 32 个字符
输入	pStr 表示待分析的字符串， ulPos 表示提取出第几个位置的单词
输出	pDestStr 表示提取出来的单词（长度不超过 32 个字符）
返回值	RET_OK 表示成功获取对应的单词， RET_ERR 表示无法获取对应的单词
函数调用	无

getWordFromStr() 函数的代码如下。

```
public static String getWordFromStr(String pStr,int ulPos){


    if(pStr == null || pStr ==""){

        return "RET_ERR,pStr 不能为空";

    }


    String[] strs = pStr.split(" ");

    List<String> list = new ArrayList<String>();
```

```
if(ulPos < 1){

    return "RET_ERR,提取位置小于 1";

}


for (int i = 0; i < strs.length; i++) {

  if(strs[i].length() != 0){

    list.add(strs[i]);

  }

}
if(ulPos > list.size()){

    return "RET_ERR,提取位置大于单词数量";

}


if(list.get(ulPos-1).length()>31){

    return "RET_ERR,单词长度超过 32 个字符";

}


return "RET_OK,输出: "+list.get(ulPos-1);

}
```

1. 应用等价类划分法、边界值分析法

运用等价类划分类和边界值分析法设计测试用例，可以这样进行。

首先，输入字符串 pStr= "Are intercommunion end 0 20"。

在正常情况，根据 ulPos 的值，分别执行不同的操作。

- 若 ulPos=1（边界值），取出字符串中第 1 个单词。

- 若 ulPos=3（中间的任意值——等价类），取出字符串中第 3 个单词。

- 若 ulPos=5（边界值），取出字符串中最后 1 个单词。

在异常情况下，设计过大值和过小值的用例。

- 若 ulPos=0（位于边界的过小值），取出字符串中第 0 个单词。

- 若 ulPos=6（位于边界的过大值），取出字符串中第 6 个单词。

- 若 ulPos=100（等价的过大值），取出字符串中第 1 个单词。

在设计超越边界值的测试用例时，针对每种越界条件一般要设计两个测试用例，即刚刚超过边界和远超过边界（对远超过边界的情况，运用等价类的思想，取一个值就可以了）。所以对于以上过大和过小两种情况，应该有 4 个用例，其中 ulPos 变量的最小值为 0，远小于 0 的情况就省略了。getWordFromStr()函数的测试用例如表 1-51 所示。

表 1-51　getWordFromStr()函数基于等价类划分法与边界值分析法的测试用例

用例编号	输入（包括全程变量和输入参数）	输出（包括全程变量和输出参数）
1	pStr="Are intercommunion end 0 20", ulPos=1	返回 RET_OK, pDestStr="Are"
2	pStr="Are intercommunion end 0 20", ulPos=3	返回 RET_OK, pDestStr="end"
3	pStr=="Are intercommunion end 0 20", ulPos=5,	返回 RET_OK, pDestStr="20"
4	pStr="Are intercommunion end 0 20", ulPos=0,	返回 RET_ERR, 输出"提取位置小于 1"
5	pStr="Are intercommunion end 0 20", ulPos=6	返回 RET_ERR, 输出"提取位置大于单词数量"
6	pStr="Are intercommunion end 0 20", ulPos=100	返回 RET_ERR, 输出"提取位置大于单词数量"

2. 应用语句覆盖法、条件组合覆盖法

检查是否有未执行到的语句、组合条件，然后采用回溯的方法，考虑相应的数据参

数。如果执行完上面 6 个用例，第 39 行语句仍没有执行到，则可以增加两个用例。

若字符串中有超长单词（在函数原型中有 pDestStr 的长度说明），字长等于成大于 32 个字符，实际上只需要一个用例，这里考虑了边界的情况。测试用例如表 1-52 所示。

表 1-52　getWordFromStr()函数基于语句覆盖法与条件组合覆盖法的测试用例

用例编号	输入（包括全程变量和输入参数）	输出（包括全程变量和输出参数）
7	pStr="Are xxx（单词长度等于 32 个字符）end 0 20"， ulPos＝2	返回 RET_ERR， 输出单词长度超过 32 个字符
8	pStr="Are xxx（单词长度大于 32 个字符）end 0 20"， ulPos＝2	返回 RET_ERR， 输出单词长度超过 32 个字符

3. 应用错误推测法

人们可以靠经验和直觉推测程序中可能存在的各种错误，从而针对性地编写检查这些错误的测试用例。这里仍然以上面的 getWordFromStr()函数为例。

参数非法的情况有以下几种。

- pStr＝NULL，输入的源字符串的指针为空指针。

- pStr＝" "，输入的源字符串为空串。

- pDestStr＝NULL，输出的目的字符串的指针为空指针。

字符串内容的异常包括以下几种情况。

- 字符串开头有（1 个、多个）空格。

- 字符串中间有（两个、多个）连续空格。

- 字符串结尾有（1 个、多个）空格。

可以看出，以上测试用例在错误推测法的基础上，也加上了边界值分析法和等价类划分法的思想。测试用例如表 1-53 所示。

表 1-53　getWordFromStr()函数基于错误猜测法的测试用例

用例编号	输入（包括全程变量和输入参数）	输出（包括全程变量和输出参数）
9	pStr＝NULL， ulPos＝1	返回 RET_ERR， pStr 不能为空
10	pStr＝""， ulPos＝1	返回 RET_ERR， pStr 不能为空
11	pStr＝"（空格）Are intercommunion end 0 20"， ulPos＝1	返回 RET_OK， pDestStr＝"Are"
12	pStr＝"（5 个空格）Are intercommunion end 0 20"， ulPos＝1	返回 RET_OK， pDestStr＝"Are"
13	pStr＝"Are（两个空格）　intercommunion end 0 20"， ulPos＝2	返回 RET_OK， pDestStr＝"intercommunion"
14	pStr＝"Are（5 个空格）　intercommunion end 0 20"， ulPos＝2	返回 RET_OK， pDestStr＝"intercommunion"
15	pStr＝"Are intercommunion end 0 20（空格）"， ulPos＝6（为达到测试条件，必须取过大值）	返回 RET_ERR， 提取位置大于单词数量
16	pStr＝"Are intercommunion end 0 20（5 个空格）"， ulPos＝6（为达到测试条件，必须取过大值）	返回 RET_ERR， 提取位置大于单词数量

1.2.10　单元测试用例设计练习

针对 Counter 系统的 isCodeLine()函数进行用例的设计。该函数的信息如表 1-54
所示。

表 1-54　Counter 系统中 isCodeLine()函数的信息

原型	Bool String isCodeLine（Cstring 52 StatFileLine，BOOL &bIsComment）
描述	判断当前字符串是否是代码行
输入	szStatFileLine 表示文件中当前行的字符串，该行不是空行； bIsComment 表示当前行是否处于注释体内；true 表示处于注释体内；false 表示不处于注释体内
输出	如果该行为注释的最后一行，则 bIsComment 的值是 false
返回值	RET_OK 表示当前字符串是代码行，RET_FAIL 表示当前字符串是注释行，RET_ERR 表示当前字符串是错误消息
函数调用	无

代码实现如下。

```
public static String isCodeLine(String filePath ,int num){
```

```java
List<String> list = new ArrayList<String>();

String message = null;

try {


    Reader re = new FileReader(new File(filePath));


    BufferedReader br = new BufferedReader(re);


    String str = null;

    while((str=br.readLine()) != null){

        list.add(str);

    }


    if(num > list.size()){

        return "RET_ERR,输入的行数有误";

    }

    if(list.get(num-1).length()==0){

        return "RET_ERR,此行为空行";

    }

    if(list.get(num-1).trim().substring(0,2).equals("/*")){

        message = "RET_FAIL,此行为注释行";

    }else{

        message = "RET_OK,此行为代码行";

    }


} catch (FileNotFoundException e) {

    //这里要自动生成 catch 块

    e.printStackTrace();
```

```
        } catch (IOException e) {
            //这里要自动生成 catch 块
            e.printStackTrace();
        }

        return message;
    }
```

1.2.11　静态白盒测试

静态白盒测试是指不实际运行软件，主要是对软件的编程格式、结构等方面进行评估（可以采用人工的形式，也可以采用自动化的形式）。本节介绍常见的静态白盒测试方法。

1.　桌前检查

桌前检查（Desk Checking）是指程序员检查自己编写的程序。程序员在程序编译之后，会对源代码进行分析、检验，并补充相关的文档，目的是发现程序中的错误。主要的工作一般包括检查变量使用情况，检查标号，检查子程序和函数，检查常量，确认每个常量的取值和数制、数据类型，在每次引用常量时检查它的取值、数制和类型的一致性等。但是程序员在检查自己的代码时，要避免片面性。

2.　代码评审

代码评审（Code Reviewing）有时也叫代码复查或同行评审，一般是指开发小组的成员共同查看程序，使每个人的代码风格一致或遵守编码规范。在评审过程中，小组成员可以提出问题，展开讨论，审查是否存在错误。因为要向其他成员讲解自己的程序，程序员会更重视自己的工作进度、代码质量，间接达到互相学习、共同提高并及时发现问题等效果。

根据代码审查单，查看代码是否符合标准或规范。

关注角度有数据引用错误、数据声明错误、计算错误、比较错误、控制流程错误、函数参数错误、输入/输出错误以及其他错误。

3. 代码走查

代码走查（Code Walkthrough）指以小组为单位检查程序。首先准备好测试用例，然后通过用例分析程序，发现问题。代码评审和代码走查都以小组为单位阅读代码，它是一系列规程和错误检查方法的集合。评审或走查小组通常由不需要对程序细节很了解的程序编码人员、程序设计人员、测试专家、协调人员这 4 个人组成。一般以会议的形式，并提前约定按一定的代码阅读速度进行。

4. 代码行度量法

代码行（Lines-of-Code，LOC）通常是针对可执行语句进行统计的。根据程序中代码行的多少来表示程序大小和复杂性，并预测缺陷的数量。一般代码行越多，预期的缺陷也越多。但是研究人员发现，模块达到 500 行后反而出现相反的情况。也就是说，模块越大，缺陷率越低。最近的研究结果发现，代码行与缺陷率之间存在曲线关系，缺陷率随着模块规模大小的上升而下降，而在模块变得非常大时，缺陷率在曲线的尾部又弯曲向上。

5. 结构度量

结构度量主要考虑产品或系统中模块间的交互，并量化这种交互。最常用的设计结构度量是扇入（fan-in）和扇出（fan-out）度量。经研究发现：扇入不是重要的复杂性指标，而复杂性随程序间扇出的平方而上升。整体数据复杂性被定义为所有新模块的数据复杂性的平均值。曾有一个说法，良好系统的平均复杂度应为 3 或 4，最好不超过 7。实际上，随着软件规模和种类的不断发展与改变，这一数字已经不能作为良好系统的判断标准。

6. McCabe 度量

在基本路径覆盖法中，我们已经使用过 McCabe 度量法。McCabe 度量法是由 Thomas McCabe 提出的一种基于程序控制流的复杂性度量方法。McCabe 定义的程序复杂度度量值又称环路复杂度，它基于一个程序的控制流图中环路的个数（见 1.2.7 节）。

1.2.12　编码规范

在前面提到的静态白盒测试方法中桌前检查与代码评审都涉及编码规范。在项目的开发和维护中，编码规范是十分重要的。它有利于降低后期维护、开发的成本，在一定程度上可以提高开发效率。

编码规范的根本目的就是要让人很容易理解开发人员所编写的代码的用途和意义，从而减少项目中因为开发维护人员的更替或由于长时间不维护造成的记忆模糊或混乱等情况。

Sun 公司也对外发布了官方的"Coding Style"文档，各公司也会结合自己公司的实际要求提出更细化的要求。图 1-33 展示了 Sun 的 Java 编码规范的一部分内容。

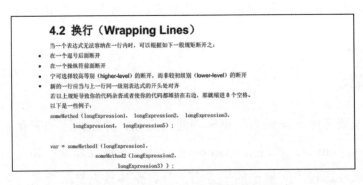

▲图 1-33　Sun 公司的 Java 编码规范的部分内容

1.2.13　常见静态检查工具

常见静态检查工具如表 1-55 所示。

表 1-55 常见静态检查工具

工具名称	说明
PC-Lint	Gimpel Software 公司的产品，支持的语言为 C/C++
CodeWizard	Parasoft 的编程辅助工具，提供编码规则检查功能
Logiscope	Telelogic 公司的产品，可以用于静态、动态测试
Testbed	LDRA 公司的产品，可采用 C 语言进行规则检查，也可以进行静态和动态测试
PMD	一款采用 BSD 协议发布的 Java 代码检查工具

第 2 章　系统测试计划

系统测试是指将已集成好的软件系统作为计算机系统的一个元素，与计算机硬件、外设、支持软件、数据和人员等其他元素结合在一起，在实际运行环境下对计算机系统进行一系列的组装测试和确认测试。系统测试应该按照测试计划进行，其输入、输出和其他动态运行行为应该与软件规约进行对比。下面详细讲解如何编写系统测试计划。

2.1　系统测试过程回顾

如前所述，测试可分为单元测试、集成测试、系统测试、验收测试等。每个测试阶段又包含测试计划、测试设计、测试实现与测试执行这 4 个活动。

2.1.1　软件测试生命周期

软件工程中有软件生命周期，它是指软件按照什么样的过程进行研发的。同样，测试行业中也存在软件测试生命周期的说法，它是指一个测试是如何完成的，像测试计划→测试设计→测试实现→测试执行就是一个典型的软件测试生命周期。当然，不是所有的公司都采用这种测试生命周期，这些活动不仅可以串行，还可以并行。也就是说，可以同时进行测试计划、测试设计、测试实现和测试执行。有的公司采用的测试生命周期更简单，只分为测试用例设计以及测试用例执行。一般来说，一个公司采用的测试生命周期越复杂，说明这个公司的测试越成熟，这与能力成熟度模型（Capability Maturity Model，CMM）的等级划分类似。

2.1.2 系统测试的 4 个阶段

系统测试是针对软件产品系统进行的测试，在总体上包含功能测试和非功能测试两部分。功能测试是验证软件系统功能是否符合软件系统的需求规格的测试过程；而非功能测试则是在验证软件系统是否符合软件系统规格的基础上，进一步验证测试系统的容错性、稳定性、异常处理能力、输入处理能力、可用性、性能等非功能方面的测试过程。

与单元测试和集成测试相比，系统测试的侧重点在于考查功能的需求规格符合性、功能设计或实现的用户满意度，以及系统性能的稳定性。系统测试属于黑盒测试的范畴。

具体的系统测试过程与软件组织的具体过程定义相关。通常系统测试过程可以分为以下几个阶段。

（1）系统测试计划阶段：完成系统测试计划。

在软件产品的需求规格确定后，制订系统测试的计划。系统测试的设计、实现和执行阶段的具体内容由系统测试计划来确定。

（2）系统测试设计阶段：完成系统测试方案。

在软件设计（概要）阶段，在软件概要设计文档确定后，就进行系统测试的设计，输出系统测试方案。

（3）系统测试实现阶段：完成系统测试用例、脚本和规程。

按照系统测试方案，完成系统测试涉及的工作，包括编写系统测试用例、测试规程文档，以及进行系统测试工具和测试代码的设计与开发工作。

（4）系统测试执行阶段：执行系统测试用例，发现问题并回归测试，提交系统测试日报和系统测试报告。

在集成测试完成后，再执行系统测试。在执行系统测试的过程中，发现缺陷问题，并提交给开发人员。对当前发现的所有缺陷进行分析，当确认软件系统达到设计要求时（在项目计划中约定的风险范围内），结束系统测试过程。

2.1.3　系统测试计划与其他计划

在系统测试中制订的系统测试计划和其他的计划有什么联系吗？

在实际工作中会接触到的计划主要有项目计划、软件开发计划、软件测试计划、系统测试计划、集成测试计划、单元测试计划等，这些计划之间是有先后顺序以及依赖关系的。

这些计划的先后顺序如下。

（1）项目经理根据项目要求制订项目计划，对整个项目进行规划，定义项目里程碑点，估算项目的收益等。

（2）开发经理根据项目计划来制订软件开发计划（Software Development Plan，SDP），对整个开发工作进行规划。

（3）测试经理根据项目计划来执行软件测试计划，也称为软件验证与确认计划（Software Verification and Validation Plan，SVVP），对整个测试工作进行规划，比如，考虑是否做集成测试等。

（4）测试经理根据软件测试计划，自己或者安排测试组人员来制订系统测试计划、集成测试计划以及单元测试计划。

其中，项目计划、软件开发计划和软件测试计划都属于管理文档，而系统测试计划、集成测试计划和单元测试计划属于技术文档。

2.1.4　系统测试中的角色及职责

在软件系统测试过程中，需要以下角色的参与。这些角色在系统测试的 4 个阶段的职责描述如下。

- 开发代表：开发代表是软件研发的负责人，负责软件的开发和测试。在系统测试的各阶段中，开发代表的职责是满足系统测试资源（包括人、工具等）的需求，对系统测试结果进行监督，以及签发评审通过后的系统测试文档。

- 软件质量保证（Software Quality Assurance，SQA）人员：软件质量由过程、组织、技术这 3 个方面来决定，软件测试只从技术方面来保证软件的质量，而 SQA 人员是从软件过程方面来保证软件的质量。在系统测试过程中，SQA 人员负责保证系统测试过程中的质量，参与相关文档的评审，对整个系统测试过程进行审计。

- 配置管理组：在系统测试过程中要对系统测试文档以及测试代码等相关配置项进行配置管理，以保证系统测试过程中相关系统测试文档的一致性和完整性。

- 软件开发组：在系统测试过程的各阶段中，软件开发组的主要职责是提供测试所需的相关开发文档，参与各测试文档的评审活动，保证系统测试文档的质量，响应系统测试需求，跟踪并解决系统测试过程中发现的问题。

  - 在系统测试计划阶段，提供软件开发计划，参与系统测试计划的评审。

  - 在系统测试设计和实现阶段，提供软件功能需求规格、需求分析、测试建议，响应系统测试需求，并参与软件系统测试方案的评审。

  - 在系统测试执行阶段，跟踪并解决软件测试项目组的缺陷问题报告单，参与系统测试报告的评审。

- 软件测试组：通常测试组又分测试经理、高级测试工程师、测试工程师。在系统测试的各阶段中，测试经理需要制订测试计划，提供技术指导，获取所需的资源，整理测试报告，管理并监督计划的实施；高级测试工程师需要确定系统测试方案，设计系统测试用例，确定系统测试规程；测试工程师需要执行测试，记录测试日志，撰写测试报告。软件测试组有以下职责。

- ■ 在系统测试计划阶段，制定系统测试计划并组织评审。

- ■ 在系统测试设计和实现阶段，制定软件系统测试方案并组织评审，按照软件系统测试方案来实现测试用例、测试代码和测试工具等设计，撰写测试规程。

- ■ 在系统测试执行阶段，执行系统测试，反馈并跟踪缺陷问题报告单，完成系统测试报告并组织评审，输出测试案例、总结等经验文档。

- • 系统分析组：在系统测试阶段提出系统测试需求，对测试需求进行跟踪，对软件系统可测性进行分析，确定系统测试的对象、范围和方法。

测试组织活动开展较好的企业中通常会设置测试系统工程师（Testing System Engineer，TSE）角色，TSE 属于系统分析组，在软件开发前期就参与需求分析工作，系统分析组中关于可测试性需求等方面的职责由 TSE 完成。TSE 提出的可测试性需求在需求分析阶段就纳入了软件的需求统一管理。TSE 的职责主要是在软件测试中承担测试分析、自动化架构设计等工作，并指导测试组完成测试设计及执行。

2.2　制订系统测试计划

系统测试的质量对后续的系统测试设计、系统测试实现与系统测试执行活动有着很大的影响。那么系统测试计划中需要涵盖哪些内容？下面以一个火星旅游项目为例进行详细介绍。

2.2.1　制订火星旅游计划

测试计划活动与现实生活中的规划类似，比如，现在一群人要去火星旅游，需要考虑什么情况呢？如何制订火星旅游计划呢？可以考虑以下几个方面的内容。

（1）做好准备工作。

① 与中国国家航天局联系，确定太空旅行培训计划。

② 进行太空旅行中冬眠的可行性分析。

③ 确定载人航天器发射的物资准备情况。

④ 检查载人航天器的安全性。

⑤ 做好太空旅行物资和人员装备的准备工作。

⑥ 编写《火星旅行安全手册》和《火星生存手册》。

⑦ 编写《太空旅行安全手册》。

⑧ 组织《火星旅行安全手册》《火星生存手册》和《太空旅行安全手册》的学习。

（2）组织培训和考试，并准备充足的物资和装备。

① 与专家讨论各项安全措施，组织系统学习和培训。

② 经过太空旅行培训之后，必须组织考试。

③ 各项物资按照往返时间内所需物资的 1.8 倍准备，各项装备按人员所需装备的 2 倍准备。

（3）制订出游计划。

① 旅行景点暂定为火星上的 A 大洲、B 大洲、C 大洋。

② 往返 A 大洲需要 5 天，往返 B 大洲需要 6 天，往返 C 大洋需要 7 天。

也有人会这样考虑。

（1）做好活动准备工作。

① 确定人数：观光 41 人+医疗人员+驾驶员。

② 时间为 1 个月。

③ 交通工具为飞机与飞船。

④ 准备物资为食物、氧气、日用品（每人限带 20kg）、太空服和医药。

⑤ 备用物资为救生船、太空服。

（2）确定活动内容。

游览火星各大洲及各大洋，组队活动，集体食宿。

（3）处理意外情况。

① 发出求救信号。

② 飞船不能到达，在旅行失败时乘坐救生船返回。

③ 在救生服失效时替换备用物资。

④ 在飞船不能返回时自力更生。

以上计划中存在的问题如下。

（1）计划的可执行性差。

① 物质由谁携带？

② 安全手册由谁编写？

③ 人多的时候是否需要分组？

④ 领队是谁？小组长是谁？

（2）考虑不够周全。

① 是否将旅游中要做的事情都想到了？

② 是否将旅游中可能出现的问题都想到了？

③ 是否让每个人明确了这次旅游具体如何开展？

总之，无论做什么事情，在制订计划时主要考虑以下 3 个方面。

- 哪些人参加？每个人承担什么职责？

- 每个人要做的事情是什么？

- 如何分步来完成这件事？

只有这样，才能让参与的每个人都能根据计划来完成分配的任务，从而保证整个活动顺利进行。

2.2.2 系统测试计划的主要内容

系统测试计划从属于软件测试计划、软件项目计划（Software Project Plan，SPP）和软件项目跟踪与监控（Software Project Track and Oversight，SPTO）计划的管理体系，主要用于对系统测试全过程的组织、资源、原则以及采用的测试工具、技术、方法等进行描述和约束，规定系统测试过程各阶段的确认和验证（Verification and Validation，V&V）任务以及时间进度计划，并对各项任务进行评估、风险分析和需求管理。

用一句话来概括就是：系统测试计划从管理的角度来规划和控制整个系统测试活动。系统测试计划考虑的主要内容有组织形式、测试对象与工作任务分配。

1. 组织形式

组织形式需要明确每个人要做什么事情以及如何和别人协作等。一般可以分成以下组织形式。

- 项目组内的组织形式：定义测试团队和开发团队、配置管理员、项目经理、SQA 之间的分工以及协作。

- 测试团队内的组织形式：定义测试团队内各测试小组之间的分工以及协作。

- 测试小组内的组织形式：定义测试小组内各测试人员之间的分工以及协作。

无论是哪种组织形式，都由 3 个部分构成。

- 组织架构图：定义组织中各实体间的相互关系，比如，有没有配置管理员等。

- 角色职责：明确每个实体的任务，这样才能做到职责清晰、分工明确。

- 协作形式：明确不同实体间合作以及冲突的解决方式，为不同角色之间更好的协作提供指导。

2. 测试对象

测试对象对应的是要测试的范围以及对测试范围进行详细分析所得出的要测试的点，即测试需求或者测试项。测试对象的确定是制订测试计划时一件非常难做的事情，因为如果确定的测试对象分解测试颗粒比较大，则会导致工作无法完成；如果确定的测试对象分解测试颗粒过于详细，则会导致工作不饱满，没有充分利用资源。

在确定测试对象时，需要考虑以下因素。

- 被测对象的全部内容：依赖于软件需求和对被测软件系统的熟悉程度。

- 时间：对于同一个系统，给定的时间不同会导致测试范围会有很大的不同。或者说，在一天内可以进行测试，在一个月内也可以进行测试，在一年内还可以进行测试。当然，时间越长，测试更全面、更充分。

- 测试目的：如果这次测试的目的是尽快找出致命的 bug，那么在选取测试对象时，主要考虑那些比较容易出错的地方。常见的测试目的主要有检测、证明、基本功能验证等。

- 人力：如果把同样的系统给不同的人测试，测试的效果会有差异。因此，如果参与测试的测试工程师是经验比较丰富的人，那么测试对象的范围可以选取得更大。

3.　工作任务分配

前面已经确定了哪些人参与系统测试，系统测试的具体工作也已经分配完，但如何才能确保系统测试工作顺利完成呢？需要对每个参与者的工作进行监督，这样就需要将每个人所承担的工作进一步量化。比如，什么时间要提交什么文档？测试用例设计的数量要达到多少？如果有必要，还需将每个人的工作进一步细化，只有这样，才能真正让计划很好地执行。任务如何分配还需要结合实际情况，但其根本目的是保证工作的顺利完成。如果对参与系统测试的人的能力和职业素养有信心，那么任务分配可以粗一些；否则，越细越好。

除了组织形式、测试对象和工作任务分配之外，在制订计划时还需要注意以下方面。

- 需求跟踪：通过跟踪测试需求和实际需求的关系（也就是系统测试项与需求度的对应关系），可以了解到哪些需求项漏测了。

- 测试通过/失败的标准：指出什么时候测试可以结束。该标准可以只考虑测试活动的度量。

- 挂起/恢复的标准：当测试过程无法进行下去或者失去继续测试的意义时，可以将测试工作挂起，挂起的标准指出系统测试暂停的条件，恢复的标准指出系统测试恢复的条件。

- 应交付的测试工作产品：确定各测试任务完成后需要提交的测试文档、测试代码及测试工具等产品。需要将工作任务分配中所涉及的产品汇总在一起，以便测试结束时检查。

2.3　编写系统测试计划

2.3.1　目标

通过系统测试计划活动要达到以下目标。

（1）所有测试需求都已标识出来。

（2）测试的工作量已正确预估并为它们合理地分配了人力、物力资源。

（3）测试的进度安排是基于工作量来预估的。

（4）测试启动、停止的准则已标识。

（5）测试输出的工作产品是已标识的、受控的和适用的。

这部分内容对于大多数系统测试计划而言都是类似的，并不是系统测试计划的重点。

2.3.2　概述

本节描述以下两部分内容。

1．项目背景

简要描述项目背景、项目的主要功能、项目的体系结构及项目的简要历史等。可以参考需求规格说明书中对整个项目的描述。

2. 范围

系统测试计划适用于哪些对象和哪些范围可从以下几个方面进行考虑。

（1）确定被测对象，包括其版本/修订级别。说明软件的承载媒介及其对测试的影响，并说明哪些对象应排除在测试范围之外。

（2）给出被测试/不被测试的项目特征（如性能、可移植性等）及功能的简要列表。

（3）描述测试的任务划分（如测试分为计划、设计、实现、执行等）及与开发各个阶段的对应关系。

（4）标识出测试各阶段中任务（如计划、设计、实现、执行等）的假设、约束及其所存在的风险。

2.3.3　组织形式

为了确定组织形式，首先确定系统测试计划执行过程中的组织结构及其关系，以及所需要的组织独立程度。如果软件组织对系统测试过程有明确的定义，那么应该遵守并直接采用系统测试过程中定义的组织形式；如果没有明确的定义，那么可以直接采用软件组织目前的组织结构，并明确需要参与系统测试的组织的职责和关系。同时，还要明确测试项目组内部的结构和各组成成员的职责。在进行系统测试计划文档写作时，可以采用图片的形式来描述系统测试中各项目组的组织结构，可以通过文字的形式来描述各组织在系统测试中职责和组织之间的关系，也可以通过文字的形式来描述测试项目组内部的结构和各组成成员的职责。

然后，确定系统测试过程与其他过程（如开发、项目管理、质量保证、配置管理）之间的关系。如果软件组织对上述过程有明确的定义，那么应该遵守上述过程的定义；如果没有，那么需要理清上述过程的关系并明确下来。在进行系统测试计划文档写作时，可以简单描述本软件组织中关于系统测试过程、开发过程、项目管理过程、质量保证过程、配置管理过程等的部分。

最后，确定系统测试工作中的沟通渠道，确定测试中发现问题并监督解决问题的权利，以及批准测试输出工作产品的权利。在编写系统测试计划时，要明确测试组和开发组、配置管理组、质量保证组等相关组之间的沟通渠道，保证系统测试过程中的问题能顺利解决，保证系统测试工作的顺利进行。同时，要从组织上明确测试人员发现问题和监督解决问题的权利，保证测试人员的工作积极性，使得软件质量能从组织上得到保证。另外，还要明确测试工作产品输出的权利，即由谁来签发系统测试计划、系统测试方案和最终的系统测试报告。

图 2-1 所示的是项目组内的组织架构。

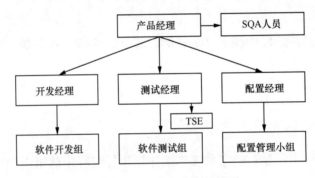

▲图 2-1　项目组内的组织架构

测试小组内组织架构中测试经理（组长）的职责如下。

（1）制订本组测试计划。

（2）给测试分析员分配任务并依据制订的计划指导和监控其工作。

（3）给测试员分配任务并依据制订的计划指导和监控其工作。

（4）与开发组保持联系和沟通，例如，确定版本发布日期，了解版本质量进展，了解缺陷发展情况。

（5）组织本组测试文档的设计、写作和评审。

（6）组织本组进行需求跟踪。

（7）组织本组进行缺陷分析等质量活动。

（8）向测试主管等高层领导汇报本组的工作。

项目组内组织架构中的协作形式如下。

当测试团队需要执行测试时，由配置管理员提供被测系统，如果配置管理员因故不在，则由开发经理提供被测系统。

2.3.4　测试对象

本节不仅会列出系统测试计划活动中确定的所有功能测试项目和非功能测试项目，还会列出测试项目中的哪些特性和特性组合不会被测试，并说明不被测试的原因。

这里所列的测试项只是为了表达应测试什么，至于如何测试，可以在测试方案中进行描述。

为了确定系统测试对象，要注意以下几点。

- 参照软件质量模型中的 8 个特性、31 个子特性（具体参照 ISO 25000 质量模型），分析软件需求规格说明书及软件产品所应遵守的相关规范、标准。

- 将分析出的软件功能性需求和各非功能性需求对应到需要测试的各特性下。

- 将各特性下较大的需求进行细化，得到最终的系统测试项。

- 确定系统的测试范围和测试类型。

对于大系统测试计划下的某个或某几个特性的系统测试计划，可以只针对这部分特性进行分析，并找出该部分的测试对象。例如，"××手机功能测试计划"只需要针对功能需求进行分析，找出各功能需求即可；"××手机性能测试计划"只需要针对性能需求进行分析，找出性能需求即可；"××银行贷款子系统系统测试计划"只需要找出贷款子系统的功能需求和非功能需求即可。

以下是系统测试对象的例子。

1.　业务功能测试

业务功能测试包括以下方面：

- 业务流程；

- 数据库事务；

- 域值合法性。

2.　用户界面测试

用户界面测试包括以下方面：

- 对象状态；

- 窗口模式；

- 菜单；

- 标准尺寸的控件/文字。

3.　性能测试

性能测试包括以下方面。

（1）在 3s 内对用户登录请求给出响应。

（2）在系统内存低于 32MB 的情况下运行应用程序，查看其性能指标。

（3）为设计规定是 100 0000 条记录的系统增加到 100 0001 条记录。

4. 配置测试

配置测试包括以下方面。

（1）在 Windows Server 2012 系统下进行配置测试。

（2）在 CentOS 7.0 下进行配置测试。

5. 安装测试

安装测试包括以下方面：

- 新安装（典型安装、定制安装）；

- 光盘升级安装；

- 网络升级安装。

2.3.5 需求跟踪

确定系统测试项与需求规格说明书或软件需求库中需求之间的对应关系，建立系统测试项——需求跟踪矩阵，如表 2-1 所示。

表 2-1　需求跟踪矩阵

需求编号	需求描述	系统测试项编号	系统测试项描述
OA-SRS-USER-001	用户权限管理	OA-ST-USER-001	修改用户权限
OA-SRS-USER-002	用户管理	OA-ST-USER-002	新增用户
OA-SRS-USER-003	密码管理	OA-ST-USER-003	重置用户密码

2.3.6 测试通过/失败标准

测试标准是客观的陈述，该陈述用于指明判断/确认测试何时结束。

测试标准可以只考虑测试活动的度量，也可能需要结合测试应用程序的质量来考虑。

测试标准可以是一系列的陈述或对另一文档（如软件企业系统测试过程指南或系统测试标准）的引用。这是判断测试过程通过或失败的标准，而不是被测对象通过或失败的标准。之所以要结合被测软件的质量来考虑，并不是因为要判断被测软件的质量如何，而是要根据测试质量目标来判断是否可以结束测试。这需要在测试度量的基础上建立自己的测试质量目标，这个质量目标需要通过软件测试过程中的缺陷发现情况、模块的缺陷情况来度量。

如果通过/失败标准只考虑测试活动的度量，则可以定义以下目标。

（1）确定用例的执行情况要达到何种目标。例如，所有 1 级、2 级用例 100%覆盖，3 级、4 级用例 30%覆盖（根据测试时间确定），或者本轮测试重点特性用例 100%覆盖。

（2）确定覆盖率要达到什么目标。例如，所有的功能需求、性能需求全部被覆盖。

如果通过/失败标准必须结合被测系统的质量，则可以定义以下目标。

（1）确定达到何种测试质量目标。例如，在系统测试中没有发现致命问题或发现的严重问题在 5～10 个、一般问题在 10～20 个。

（2）确定使用何种缺陷分析方法判断测试是否可以退出。例如，通过缺陷分析中的 Gompertz 分析，可以得知测试是否充分或是否可以退出。这是 CMM 4 级、5 级的关键过程领域（Key Process Area，KPA）的基础。

但也有些软件企业根据自己的开发测试流程将测试通过标准和软件通过标准结合在一起。例如，所有计划的测试用例和测试程序都已经重新执行一次，并且没有发现新的缺陷。

2.3.7　测试挂起/恢复标准

当测试过程无法进行下去或者失去继续测试的意义时，可以将测试活动挂起。当被挂起的测试活动所需要的条件得到满足时，测试活动恢复执行。

确定系统测试挂起及测试恢复的条件是保证测试顺利执行的前提。例如，如果在测试过程中发现系统的主要功能有致命问题，大量的用例被堵塞，导致系统测试无法继续下去，就必须挂起，退给开发部门，待开发部门修改后重新提交版本并申请测试。

系统测试挂起的条件有以下几个。

- 基本功能测试出现致命问题，导致 50%的用例无法执行。

- 版本质量太差，60%的用例执行失败。

- 存在其他突发事件，比如，需要优先测试其他产品。

系统测试恢复的条件有以下几个。

- 基本功能测试通过，可执行进一步的测试。

- 版本质量提高，用例执行通过率达到 70%。

- 突发事件处理完，可继续正常测试。

为了保证系统测试的质量和顺利进行测试，应该确定转系统测试流程，因为无流程保证的系统测试会出现以下情况，从而影响测试质量。

- 提供了错误的版本。

- 在合并版本时部分修改没有合入。

- 合入的致命错误导致系统测试无法进行。

- 测试变成了调试。

- 不断修改、更换版本引起部分测试结果失效（因为无法保证在一个前后一致的版本上进行测试）。

因此，系统测试应该严格控制版本，不能陷于无序的修改和调试过程中。

转系统测试流程如下。

（1）开发部门生成转测试的版本文件。

（2）开发部门自验。

（3）开发部门修改错误，提供正式版本。

（4）开发部门提交转系统测试申请并提交相关文档（需求、自验报告、单元测试报告、PC-Lint 报告等）。

（5）测试部门进行基本功能验证（从系统测试用例中提取基本功能验证用例）。

（6）进行版本转系统测试评审（若通过，则转为正式测试，若不通过，则退回）。

确定系统测试通过/失败的标准与测试挂起和测试恢复的条件，具有以下优点。

- 保证测试顺利执行。

- 在测试执行时时刻用这些条件来提醒自己。

- 与项目组之间相互沟通。

2.3.8 工作任务分配

本节描述系统测试活动中的测试任务分工。例如，可以分为 4 个基本的测试任务，即计划测试、设计测试、实现测试、执行测试，每个任务还可以细分为子任务。每项任务都应从 7 个方面进行描述。

- 任务名称：用简洁的句子对任务加以说明。

- 方法和标准：指明执行该任务时应采用的方法以及应遵循的标准。

- 输入/输出：给出该任务所必需的输入及输出信息。

- 时间安排：给出任务的起始时间、结束时间及持续时间，为了方便文档维护，建议采用相对时间，即任务的起始时间是相对于某一里程碑或阶段的时间。

- 资源：给出任务所需要的人力资源和物力资源，工作量应以"人·天"为单位。

- 假设和风险：指明启动该任务应满足的假设以及任务执行中可能存在的风险。

- 角色和职责：指明由谁负责该任务的组织和执行，以及将担负怎样的职责。

可以从不同的角度来对整个测试工作进行任务细分。

- 按系统测试自身的阶段，可分为测试计划、测试设计、测试实现、测试执行。

- 按测试特性，可分为功能测试、性能测试、安全性测试等。

- 按测试对象功能属性，可分为业务处理特性、配置管理特性、警告特性等。

任务之间的关系有顺序的、并行的、嵌套的、迭代的、有条件引发的。也就是说，以上几种划分方式可以结合使用。

1. 明确任务所需要的方法和标准

为每项任务确定具体的实施方法，例如，由测试经理制订一个总的测试计划，由各小组组长制订小组的测试计划等。

在执行任务时，明确应采用的方法及遵循的标准，例如，要符合公司的模板或者行业规范等。

2. 明确任务的输入和输出

- 任务的输入：执行任务所需要依据的资料。

- 任务的输出：任务执行完成后应该输出工作产品，包括测试文档、测试脚本、测试报告、测试工具等。任务输出是每项任务很好的监督手段，因此任务输出必须非常明确。

3. 明确任务所需的资源

首先，估计人力资源。

- 估计每个活动所需要的专业技能人员。

- 估计每个活动所需要的人工数量（按人·日或人·时）。

然后，估计物力资源。其中包括：

- 硬件和软件环境；

- 测试工具、仪器；

- 测试物料。

4. 明确任务的人员分工

要明确任务的人员分工，需要将任务依据工作量估计具体分配到人。

（1）按测试阶段划分测试任务。

- 测试计划：由测试经理 A 负责。

- 测试设计：由高级测试工程师 B 负责。

- 测试实现：由测试工程师 C 负责。

- 测试执行：由测试员 D 负责。

（2）按被测对象的功能属性划分测试任务。

- 子系统 1：由测试工程师 A 负责。

- 子系统 2：由测试工程师 B 负责。

（3）按测试特性划分测试任务。

- 功能测试：由测试工程师 A 负责。

- 性能测试：由测试工程师 B 负责。

- 安全性测试：由测试工程师 C 负责。

5. 明确任务的时间和进度安排

需要结合测试过程、人员状况、测试需求、项目进度和测试方法等来确定测试进度计划。可以借助 Project 软件或者 Excel 图表来制订计划，将每天要做哪些事情都确定下来。

6. 估计任务的风险和应对措施

估计系统测试任务安排中的风险和假设，确定哪些风险较大，并且为每一个风险指定应急处理计划。例如：

- 系统测试在现有人力、物力条件下是否可行？

- 系统测试工具是否满足需求？工具的使用效果如何？需要多长时间熟悉？

- 测试者是否具备一定的技术水平？是否有测试经验？

- 测试中是否有足够的技术支援？

- 版本发布是否会延期？

对于项目结构而言，结构性越好，风险越低；项目规模越大，风险越高；技术熟练程度越好，风险越低。

2.3.9　应交付测试工作产品

确定各测试任务完成后，交付测试文档、测试代码及测试工具等测试工作产品。这些工作产品可以作为考评测试任务的依据。一般包括但不限于如下工作产品（也可以根据实际情况进行适当裁剪）：

- 系统测试计划；

- 系统测试方案；

- 系统测试用例；

- 系统测试规程；

- 系统测试日志；

- 系统测试报告；

- 系统测试输入及输出数据；

- 系统测试工具；

- 自动化测试脚本。

2.3.10　工作量估计与任务分配

根据前面安排的任务，估计各任务的工作量，具体到人·天。这种工作量估计需要经验的积累，因此每次项目结束时都要对一些数据进行整理，这样才能在下一次预估工作量时更准确。任务分配如表 2-2 所示。

表 2-2 任务分配

序号	任务名称	负责人	工作量（人·天）
1	系统测试计划	张三	2
2	系统测试设计	王二	3
3	系统测试实现	李四	2
4	系统测试执行	赵五	4
⋮	⋮	⋮	⋮

2.3.11 资源的分配

本节汇总所有任务中所需要的资源。

- 人员：依据角色及职责和测试任务安排中的资源，确定所需人员，并指明人员与角色之间的映射关系。

- 测试环境、测试工具：依据测试任务安排中的资源，确定所需的测试环境及测试工具。

- 测试仪器或材料：确定所需测试仪器和设备的规格。指定仪表只需要写型号即可，非指定仪表需给出测量精度要求等。对于仪表，需要给出足够的信息，比如，对于测试中使用 AM8e，则需要列明仪器类型、仪器名称、仪器功能名称、仪器型号、生产厂家。

注意：对于生产厂家，如果有缩略语，则用缩略语表示，如 HP、W&G 等。

除了上面的资源之外，还要确定需要的特殊工具、其他任何测试需要（如办公室空间需要等），以及对于测试小组来说目前还没有提出但是必须满足的需求。

2.4 制订系统测试计划的原则

制订系统测试计划的原则如下。

- 不是写一个系统测试计划文档就完了，该文档实际上对应的是系统测试计划活动。

- 系统测试计划不是对后续测试工作的憧憬，而是具体的实施步骤和时间点。

- 系统测试计划文档需要让每个阅读者都能明确自己到底要做哪些事情，什么时间完成，如何被监督等。

- 系统测试计划一定要做到职责明确，这样才便于监督工作，以及对工作完成情况进行评估。

- 系统测试计划需要在执行过程中根据实际情况来修改，如果后续的执行和计划完全脱离，那么就失去了制订系统测试计划的意义。

第3章 系统测试方案

系统测试方案是系统测试设计活动的工作产品，用来指导测试人员开展后续的系统测试实现活动与系统测试执行活动。依据系统测试计划中给出的测试进度、测试范围、测试人员与测试任务分配等，详细分析和设计系统测试方案。

3.1 测试方案和测试计划的区别

测试计划用于对整个系统测试过程的组织、资源、原则等进行规定和约束，针对整个系统测试过程规定各个阶段的任务与时间进度安排，并提出对各项任务的评估、风险分析和管理需求。用一句话概括就是，测试计划从管理角度对整个测试活动进行规划和控制。

测试方案是描述被测对象需要测试的特性、测试的方法、测试环境的规划、测试工具的设计和选择、测试用例的设计方法、测试代码的设计方案。用一句话概括就是，测试方案从技术角度对整个测试活动进行规划和控制。

测试方案需要在测试计划的指导下进行，测试计划提出"做什么"，而测试方案明确"如何做"。

3.2　编写系统测试方案

系统测试方案的核心内容有以下两点：

- 系统测试策略的选取；

- 系统测试子项的细分。

3.2.1　选取系统测试策略

1．什么是测试策略

测试策略就是如何用尽量少的资源来高质高效地完成测试。对于测试工程师而言，时刻要有成本意识。由于研发出来的系统始终会以一定的价格来进行销售，因此针对该系统的测试不可能也没必要无限制地测试下去。对于测试工程师而言，如何利用手上有限的资源（如时间、人力、财力等）来更好地完成测试工作是一个极大的挑战。

策略其实在做任何事情时都是存在的，比如，不同的工作都有相应的工作策略，有学习策略，有旅游策略，甚至出去吃饭也有策略。这里举一个关于青藏铁路的例子。建设青藏铁路是一个艰巨的任务，针对该任务需要制订详细的计划，确定关键的时间点以及分工。但仅有任务是不够的，还要有实际的技术手段来保证该任务的完成，这就涉及策略选取的问题。有了策略，再按照策略，就能保质保量地完成工作。青藏铁路是铺设在高原上的，而高原上的昼夜温差很大，铁轨由于热胀冷缩就可能变形，这样会大大影响整条铁路的寿命。为了解决这个技术问题，就需要采取一定的措施。当时主要考虑了两种方案或者说两种策略：一种是考虑在铁轨下面铺设水泥，由于水泥有硬度，因此铁轨变形的可能性大大降低；另一种是考虑在铁轨周边设置很多散热孔，这样白天的热量可以快速散发，人为降低了昼夜温差，因此铁轨变形的可能性也大大降低。有了这两种策略，在实际施工时有了充分的技术指导，就能保质保量地完成任务。由此可见策略的重要性。

测试策略实际上就要给后续的测试活动提供技术上的明确指导，以便活动的实施者可以很快地开展自己的工作。

2.　单元测试策略

单元测试策略主要有以下 3 种：

- 孤立测试策略；

- 自顶向下策略；

- 自底向上策略。

这 3 种不同的策略实际上都用于对多个函数开展单元测试，可以针对单个函数进行测试，也可以针对多个函数进行测试。

实际上，这里提到的测试策略还是比较狭隘的策略。对于单元测试而言，单元测试环境如何搭建、单元测试脚本如何开发也是单元测试策略需要考虑的问题。

3.　集成测试策略

集成测试策略主要有以下 10 种：

- 大爆炸集成；

- 自顶向下集成；

- 自底向上集成；

- 三明治集成；

- 基干集成；

- 分层集成；

- 基于功能的集成；

- 基于消息的集成；

- 基于进度的集成；

- 基于风险的集成。

这 10 种不同的策略实际上用于对不同的组件进行组装。可以把所有组件一次性进行组装，也可以逐步进行组装。

实际上，这里提到的测试策略还是比较狭隘的策略。对于集成测试而言，集成测试环境如何搭建、集成测试脚本如何开发也是需要考虑的问题。

4. 系统测试策略

考虑到系统测试比单元测试、集成测试都要复杂，因此系统测试策略也要比单元测试策略和集成测试策略复杂。为了选取系统测试策略，给后续的测试活动提供足够的技术指导，需要先搞清楚后续有哪些测试活动。

系统测试设计活动需要完成的工作是确定系统测试方案。在系统测试设计活动后，还有系统测试实现和系统测试执行活动，因此需要针对这些活动来选取系统测试策略。

系统测试实现活动的主要工作就是要设计出系统测试用例，系统测试执行活动的主要工作则包含系统测试环境的搭建和系统测试用例的执行。下面针对这些具体活动来确定测试策略。

5. 如何设计系统测试用例

如何设计系统测试用例主要涉及以下 3 点：

- 用例的设计思路；

- 用例设计方法；

- 用例写作格式。

如果现在要测试一个电子商务网站，那么如何设计性能测试用例呢？可以在系统测试策略中按照下面陈述的思路进行设计。

- 性能测试用例设计的关键是性能测试场景的设计，场景的相应参数可参照历史数据。

- 性能测试用例中所考虑的功能主要有注册、登录、购物等，其他功能不需要考虑。

负责性能测试用例设计的测试工程师，可以根据以上原则来快速完成工作。

常用的用例设计方法如下。

- 对于需求规格说明书所提到的输入，主要采用等价类划分法、边界值分析法。

- 如果需要测试输入的组合，则可以考虑采用正交试验法。

- 如果需要测试输入的修改，则可以考虑采用状态迁移图法。

- 如果需要对业务流程进行测试，则可以考虑采用流程分析法。

- 对于需求规格说明书中所提到的处理过程，可以采用判定表法、因果图法。

- 对于需求规格说明书中所提到的输出，可以采用输出域分析法。

常见的用例写作格式如下。

- 用例可以在测试管理工具 QC（Quality Center）中完成，其中用例名称、用例优先级、用例描述、用例步骤为必填项。用例也可以在其他测试管理工具中完成，或者可以由测试小组自定义 Word、Excel 文档。

- 用例优先级有高、中、低，这 3 个优先级需要与被测点的优先级形成对应关系。

- 用例的预期输出需要包含数据库的检查。

测试工程师根据测试策略可以很快明确用例的编写格式。

6. 如何搭建系统测试环境

搭建系统测试环境主要涉及以下几点：

- 测试环境的选取；

- 测试数据的准备；

- 测试脚本的开发；

- 测试环境的维护。

测试环境的选取主要涉及以下几点。

- 包含哪些部分？（系统测试环境可以包含软件、硬件。）

- 有没有辅测试环境？（系统测试环境可以分成主测试环境和辅测试环境，辅测试环境是为了进行一些特殊的测试而搭建的环境，如性能测试、兼容性测试等。）

- 是采用真实环境还是仿真环境？（真实环境下容易发现一些实际使用中的 bug，而仿真环境更有利于复现 bug）。

- 是搭建一套共用的测试环境，还是每个测试工程师搭建自己的测试环境？

测试数据的准备主要涉及以下几点。

- 谁准备测试数据？（需要指定责任人。）

- 如何准备测试数据？（系统测试数据的准备方法有直接利用产品数据，通过工具生成数据，手工构造数据，修改捕获的数据，随机生成数据等。）

- 测试数据是存放于文件中还是数据库中？

测试脚本的开发主要涉及以下几点。

- 用什么脚本语言？

- 开发脚本中需要采用什么技术？

- 开发测试脚本时需要注意什么问题？

测试环境的维护主要有以下几点。

- 测试环境由谁维护？

- 是否需要进行环境备份？

- 环境一旦出现异常，该如何处理？

7. 如何执行系统测试用例

执行系统测试用例主要涉及以下几点：

- 测试执行的顺序；

- 在发现 bug 后的处理流程；

- 测试日报和报告的编写。

测试执行的顺序主要有以下几种。

- 先执行功能测试用例，再执行性能测试用例（或者先执行基本功能测试用例，再同时执行剩余功能测试用例和性能测试用例，这种方法能更早发现性能上存在的问题，从而有足够的时间来修改系统）。

- 按照用例的优先级来执行测试用例，先执行高优先级的测试用例，再执行中优先级的测试用例，最后执行低优先级的测试用例，这样，即使后面没有时间来执行所有用例，也能保证重要的测试用例都已经执行了。

发现 bug 后的处理流程主要涉及以下几点。

- 在发现 bug 后是直接提交 bug，还是与开发工程师沟通后再提交？

- 提交 bug 后，整个 bug 的跟踪流程是怎样的？

- 缺陷报告应该包含哪些内容？

测试日报和报告的编写需要参照公司的模板，所有项都必须填写清楚。

3.2.2　细分系统测试子项

在测试计划中已经确定了测试的范围，确定了大的测试点。为了更好、更方便地设计测试用例，需要将这些大的测试点细化。如何细分系统测试子项已经在 3.2.1 节中提及过，这里不再重复。需要注意的是，测试需求和测试子项没有本质的差别，体现的都是测试工程师觉得什么地方需要进行测试和检查。若测试需求的粒度粗一些，后面的测试子项细分工作就多一些；若测试需求的粒度细一些，后面的测试子项细分工作就少一些，甚至不需要再细分子项。

3.3 确定系统测试方案的原则

确定系统测试方案要遵循以下几条原则。

- 系统测试方案是用来从技术上指导后续测试活动的，因此所有与技术相关的问题都可以放到方案中。

- 系统测试方案可以写得很粗，也可以写得很细，这关键要看完成后续测试活动的人的能力。如果实施者的能力较强，则方案可以粗略；如果实施者的能力一般，则方案需要尽可能详细。

- 不同项目的系统测试方案不可能完全相同，需要针对特定项目进行分析，找出完全匹配的方案。

- 系统测试方案受到系统测试计划的影响，一旦系统测试计划发生较大变化，系统测试方案也需要调整。

第4章 系统测试用例的设计

系统测试用例设计的依据是系统的需求规格说明书以及各种规范（法律、行业规则、合同）。系统测试用例的依据不是被测软件本身。不仅要针对软件功能部分设计系统测试用例，还要针对非功能部分进行设计系统测试用例。

4.1 系统测试回顾

下面简单回顾系统测试以及系统测试具体要完成哪些工作。

4.1.1 什么是系统测试

系统测试（system testing）是指将已经集成的软件系统作为基于计算机系统的一个元素，与计算机硬件、外设、支持软件、数据和人员等其他系统元素结合在一起，在实际运行（使用）环境下，对计算机系统进行一系列的组装测试和确认测试。

系统测试的目的在于通过与系统的需求定义进行比较，发现软件与系统定义不符或矛盾的地方，以验证软件系统的功能和性能等满足其规约所指定的要求。系统测试的测试用例应根据需求分析说明书来设计，并在实际使用环境下运行。

由于软件只是计算机系统中的一个组成部分，因此在软件开发完成以后，最终还要与系统中的其他部分配套运行。系统在投入运行以前，各部分需完成组装和确认测试，以保证各组成部分不仅能单独地接受检验，而且在系统各部分协调工作的环境下能正常工作。除了包含软件系统部分之外，这里所说的系统组成部分还可能包括计算机硬件及其相关的外围设备，数据及其收集和传输机构，掌握计算机系统运行方式的人员及其操作等，甚至可能包括受计算机控制的执行机构。显然，系统的确认测试已经超出了软件测试的范围。一方面，软件在系统中毕竟占有相当重要的位置，软件的质量如何，软件的测试工作是否扎实与能否顺利完成系统测试关系极大。另一方面，系统测试实际上是针对系统中各个组成部分进行的综合性检验。尽管每一个检验有着特定的目标，但是所有的检验工作都要验证系统中每个部分均已正确集成，并能完成指定的功能。

系统测试应该按照测试计划进行，其输入、输出和其他动态运行行为应该与软件规约进行对比。软件系统测试的方法有很多，主要有功能测试、性能测试、随机测试等。

4.1.2 系统测试过程

软件系统测试分为系统测试计划阶段、系统测试设计阶段、系统测试实现阶段、系统测试执行阶段。系统测试的 4 个阶段和软件开发生命周期中各个阶段的对应关系如图 4-1 所示。

与单元测试过程、集成测试过程不同，系统测试过程中多了预测试过程和转系统测试过程。系统测试中各子阶段的输入和输出如表 4-1 所示。其中预测试实际上就是一个基本功能测试，是通过基本功能测试来检查被测系统的质量，以便查看被测系统适不适合用于系统测试的执行。为了明确是否能开始正式的系统测试执行，需要召开评审会议，这个评审会议就是转系统测试评审会议。在该评审会议中，需要检查以下因素。

- 预测试是否能够通过？

- 系统测试用例是否设计完成并经过评审？

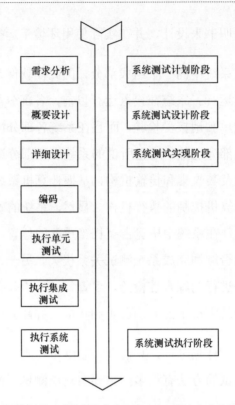

▲图 4-1　系统测试的 4 个阶段和软件开发生命周期中各个阶段的对应关系

- 人员是否都到位？

- 测试仪器或者工具是否到位？

- 相关培训是否完成？

可见预测试只是转系统测试检查的因素之一。

表 4-1　系统测试中各子阶段的输入和输出

	系统测试计划阶段	系统测试设计阶段	系统测试实现阶段	系统测试执行阶段
输入	软件开发计划、软件测试计划、需求规格说明书	需求规格说明书、系统测试计划	需求规格说明书、系统测试计划、系统测试方案	系统测试计划、系统测试方案、系统测试用例、系统测试规程、系统测试中的预测试项
输出	系统测试计划	系统测试方案	系统测试用例、系统测试规程、系统测试中的预测试项	系统测试中的预测试报告、系统测试报告、软件缺陷报告

4.2　系统测试用例的设计思路

用例设计不是只在用例设计（测试实现）阶段完成的，而是一个逐级细分的过程。用例设计从测试的特性入手，一层一层地分解，直至最终的测试用例，这体现了从整体到局部逐渐细化、具体的思维方式。例如，呼叫系统的测试项目较多，运用逐级细分法能很好地把握全局。呼叫系统测试的第 1 层可以分解为基本呼叫、前转呼叫、异常呼叫。基本呼叫又可以向下分解成第 2 层的模块内呼叫、模块间呼叫。模块内呼叫又可以继续向下分解成第 3 层的移动电话呼叫移动电话、移动电话呼叫固定电话、固定电话呼叫移动电话、固定电话呼叫固定电话。移动电话呼叫移动电话又继续向下分解成第 4 层的主叫挂机、被叫挂机等。

完整的测试过程应该如下所述。

（1）测试计划阶段：完成测试项的分析。

（2）测试设计阶段：完成测试项到测试子项的细化（这里可能要分好几层）。

（3）测试实现阶段：针对最后一级子项，利用各种用例设计方法对该子项的对应需求进行覆盖。

在很多公司没有前面两个环节，只有用例设计，所以把测试分析、设计等环节全部压到用例设计阶段，这样在设计测试用例时会遇到很多困难。

4.2.1　确定系统测试需求

要设计系统测试用例，首先要明确哪些地方需进行测试和检查，这些地方对应的就是系统测试需求，该工作应该在系统测试计划活动中完成。系统测试需求可以根据经验来进行选取，但为了更好地确定系统测试需求，可以借助软件质量模型。

1. 质量模型回顾

软件质量模型由 8 个特性、31 个子特性组成，如图 4-2 所示。

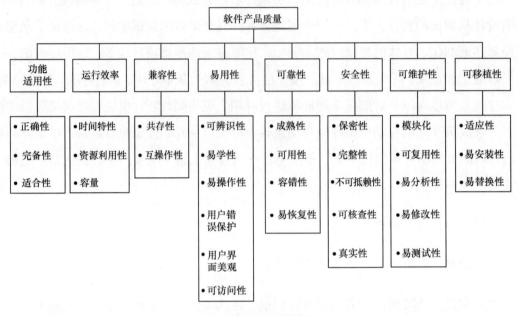

▲图 4-2　软件质量模型

- 正确性（correctness）：产品或系统提供具有所需精度的正确结果的程度。

- 完备性（completeness）：功能覆盖所有规定任务和用户目标的程度。也就是说，提供的功能是否完整，例如，手机是否提供了通话、短信、上网等功能，如果没有实现通话功能，那就不能算是一款手机。

- 适合性（appropriateness）：软件产品为指定的任务和用户目标提供一组合适功能的能力。即所提供的功能是用户所需要的，用户所需要的功能软件系统已提供。

- 时间特性（time behavior）：在规定条件下，软件产品在执行某功能时，可以提供适当的响应，并且满足处理时间以及吞吐率的要求，即完成某个功能需要的响应时间。

- 资源利用性（resource utilization）：在规定条件下，软件产品在执行某功能时，使用合适的资源数量和类别的能力。例如，完成某个功能需要的 CPU（Computer Processing Unit）占有率、内存占有率、通信带宽等。

- 容量（capability）：一个产品或系统参数最大限度满足要求的程度。参数包括可存储的项目数、并发用户、通信带宽、事务吞吐率和数据库的大小等。

- 共存性（co-existence）：在与其他产品共享同一个环境和资源时，在没有任何其他不利影响的情况下，产品可以有效地执行其所需功能的程度。共存性要求软件与系统平台、子系统、第三方软件等兼容，同时针对国际化和本地化进行了合适处理。

- 互操作性（interoperability）：两个或两个以上的系统、产品或部件可以交换信息，并使用已经交换的信息的程度。互操作性要求系统功能之间有效对接，涉及应用程序编程接口（Application Programming Interface，API）和文件格式等。

- 可辨识性（recognizability）：用户可以识别产品或系统是否适合其需求的程度。可辨识性取决于认识到恰当的产品或系统功能的能力。根据产品或系统和任何相关文件得到的初步印象，产品或系统提供的信息可以包括示范、教程、文档或一个网站首页的信息。

- 易学性（learnability）：产品或系统在特定使用环境下，特定的用户可通过学习使用产品或系统，达到满足有效性、效率和满意度要求的特定目标的程度。

- 易操作性（operability）：产品或系统有易操作和易控制的属性的程度。

- 用户错误保护（user error protection）：系统使用户免受错误影响的程度。例如，在注册功能中的每个输入后面给出了该输入的要求，避免出现用户输入错误的情况。

- 用户界面美观（user interface aesthetics）：用户界面能取悦和满足用户交互的程度。这涉及产品或系统增加用户喜悦和满意度的属性，例如，颜色的使用和图形设计的

129

特征。

- 可访问性（accessability）：产品或系统中广泛使用的特征和功能在特定的使用环境下达到特定目标的程度。使用人群包括残疾人。

- 成熟性（maturity）：软件产品为避免由软件中的错误而导致失效的能力。这里主要是指软件避免自身的错误、自身模块间的错误而导致整个软件失效，如对其他模块传递的指针进行非空检查。

- 可用性（availability）：系统、产品或组件在需要使用时可操作的和可访问的程度。可用性可以在系统、产品或组件处于升级状态期间，通过总时间的比例进行评估，因此可用性是成熟性（管理失败的频率）、容错性和可恢复性（每次失败后的故障停机时长）的组合。

- 容错性（fault tolerance）：在软件出现故障或者违反指定接口的情况下，软件产品维持规定的性能级别的能力。

- 易恢复性（recoverability）：在失效的情况下，软件产品重建规定的性能级别并恢复受直接影响的数据的能力。

- 保密性（confidentiality）：产品或系统确保数据只能被那些有权访问的人访问的程度。即防止信息泄露给非授权个人或实体并且信息只为授权用户使用的特性。

- 完整性（integrity）：系统、产品或组件防止未经授权修改计算机程序或数据的程度。即信息在存储或传输过程中保持不被偶然或蓄意地破坏（删除、修改、伪造、乱序、重放、插入等）和丢失的特性。

- 不可抵赖性（non-repudiation）：动作或事件可以证明已经发生，这样的事件或动作不能否定的程度。不可抵赖性也称不可否认性，在信息系统的信息交互过程中，确信参与者的真实性。即所有参与者都不可能否认或不可能抵赖曾经完成的操作。利用信息源证据可以防止发信方否认已发送信息，利用递交接收证据可以防止收信方事后否认已经接收的信息。

- 可核查性（accountability）：一个实体的操作可以追溯到唯一的实体的程度。一般需要对用户的操作以及数据的修改记录详细的日志，以便在需要时查看。

- 真实性（authenticity）：一个实体或资源的身份可以被证明。网站用户实名认证或者绑定手机号就是为了保证用户信息的真实性。

- 模块化（modularity）：软件由各个组件组成，改变一个组件对其他组件的影响的程度。如要求模块划分清晰、松耦合高内聚等。

- 可复用性（reusability）：软件的程序可重复调用的程度。如要求重复代码比例不到1%，不要针对相同的或相似的功能编写单独的代码。

- 易分析性（analyzability）：评估软件拟改变其各部分中的一个或多个的影响，或诊断软件中的缺陷或失效原因或识别待修改部分的有效性和效率的程度。

- 易修改性（modifiability）：软件可以有效地和高效地修改，而不会引入缺陷或影响现有软件质量的程度。易修改性包括编码、设计、文档和容易检查更改的程度。模块化和易分析性会影响易修改性。

- 易测试性（testability）：软件产品确认已修改软件的能力。软件的可测试性是指软件发现故障并隔离、定位其故障的能力，以及在一定的时间和成本前提下，进行测试设计、执行测试的能力。

- 适应性（adaptability）：软件产品无须采用其他的活动或手段，就可能适应不同环境的能力。即软件系统无须做任何相应变动，就能适应不同的运行环境（操作系统平台、数据库平台、硬件平台等）的能力。

- 易安装性（installability）：在指定环境中安装软件产品的能力。

- 易替换性（replaceability）：软件产品在同样的环境下，替代另一个相同用途的软件产品的能力。

2.　借助质量模型生成测试需求

考虑到软件质量模型实际上从多个不同的角度来对系统的质量进行定义，而测试同样要从多个不同的角度来检查、评价系统的质量，因此在确定哪些地方需要测试时，可以借助软件质量模型。这样能保证测试不会有遗漏，更好地保证测试的完整性。

当然，关于系统测试需求的整理，除了可以借助软件质量模型之外，还需要注意如下内容。

- 并不是系统中所有可测的地方都需要测试。

- 哪些地方需要测试（也就是系统测试需求）是和测试的时间、测试人员的能力、开发的进度、开发人员的能力等因素相关的。例如，对于同样一个系统，如果测试时间分别为 1 天和 1 个月，测试需求将会有很大的区别。再例如，对于同一个系统中的不同模块，高级开发工程师负责的模块可以少测，而开发新手所负责的模块则要多测。正因为如此，系统测试需求的整理通常由测试经理来完成，因为他最清楚项目的进展、各个测试工程师的能力等信息。

- 软件质量模型中的模块化、可复用性、易分析性和易修改性是开发工程师所关注的，不需要系统测试工程师考虑。因此系统测试工程师需要关注的质量特性共有 27 个。

3.　Word 系统测试需求的整理

为了针对 Word 进行测试，除了需要对 Word 有足够的了解之外，还需要根据所给予的时间、人力来确定系统测试需求。这里只简单列举一些测试点，旨在演示，不对应特定测试情况，如表 4-2 所示。

4.2.2　确定系统测试类型

根据质量模型分析得到的系统测试需求可以和各种系统测试类型形成对应关系。

表 4-2　根据质量模型分析 Word 测试项

质量特性	质量子特性	测试项（测试需求）
功能适用性	正确性	"文件"菜单功能正确 "编辑"菜单功能正确 "表格"菜单功能正确 "字数统计"功能正确
	完备性	包含所有功能，如新建、保存、编辑、插入图片等
功能适用性	适合性	"文件"菜单功能 "编辑"菜单功能 "表格"菜单功能 "字数统计"功能
运行效率	时间特性	打开文档的时间 保存文档的时间
	资源利用性	CPU 占用情况 内存占用情况
	容量	最多新建文档的个数
兼容性	共存性	无
	互操作性	连接不同打印机
易用性	可辨识性	运行软件，显示编辑窗口
	易学性	帮助文档
	易操作性	快捷键
	用户错误保护	无
	用户界面美观	主色调为蓝色
	可访问性	无
可靠性	成熟性	长时间运行
	可用性	无
	容错性	打开非法文件
	易恢复性	Word 文档恢复功能
安全性	保密性	权限设置（"文件"菜单中的菜单项） 文件加密（"工具"菜单下菜单项中的安全性）
	完整性	无
	不可抵赖性	无
	可核查性	无
	真实性	无
可维护性	模块化	不考虑（与开发相关）

续表

质量特性	质量子特性	测试项（测试需求）
可维护性	可复用性	不考虑（与开发相关）
	易分析性	不考虑（与开发相关）
	易修改性	不考虑（与开发相关）
	易测试性	无
可移植性	适应性	在不同操作系统下运行
	易安装性	在不同操作系统下安装
	易替换性	升级

1. 系统测试类型回顾

常见的系统测试类型如下。

- 功能测试（functional testing）：系统测试中最基本的测试，不管软件内部的实现逻辑，主要根据产品的需求规格说明书和测试需求列表来验证产品的功能实现是否符合产品的需求规格。

- 性能测试（performance testing）：用来测试软件在集成系统中的运行性能。性能测试的目标是度量系统相对于预定义目标的差距。需要针对实际的性能级别进行比较，并归档其中的差距。

- 压力测试（stress testing）：目的是调查系统在其资源超负荷情况下的表现。尤其感兴趣的是这些负荷对系统的处理时间有什么影响。这类测试需要在数量、频率或资源反常的条件下执行。

- 容量测试：（volume testing）目的是测试系统能否承受超额的数据容量。

- 安全性测试（security testing）：用来验证集成在系统内的保护机制是否能够在实际中防止系统受到非法侵入。

- GUI 测试：主要包括两方面的内容，一方面，确认界面实现与界面设计的吻合情况；另一方面，确认界面处理的正确性。界面设计与界面实现是否吻合，主要指界面的外形是否与设计内容一致；界面处理的正确性也就是当界面元素被赋予各种值的时候，系统的处理是否符合设计以及是否没有异常。

- 可用性测试（usability testing）：和可操作性测试非常相似，它们都是为了检测用户在理解和使用系统方面到底有多好。这包括系统功能、系统发布、帮助文本和过程，以保证用户能够舒适地与系统交互。当实际测试的时候，往往把二者放到一起进行考虑，很少严格区别二者之间的关系。

- 安装测试（installation testing）目的就是要验证成功安装系统的能力。

- 配置测试：主要测试系统在各种软硬件配置、不同的参数配置下具有的功能和性能。

- 异常测试（恢复性测试）：又叫系统容错和恢复性测试，通过人工干预手段使系统产生软硬件异常，通过验证系统异常前后的功能和运行状态，达到检验系统容错、排错和恢复的能力。

- 备份测试（backup testing）：恢复性测试的一个补充，并且应当是恢复性测试的一个部分。备份测试的目的是验证系统在软件或者硬件失败的事件中备份数据的能力。

- 健壮性测试（robustness testing）：有时也叫容错性测试（Fault Tolerance Testing），主要用于测试系统在出现故障的时候，是否能够自动恢复或者忽略故障继续运行。

- 文档测试（documentation testing）：目标是验证用户文档是正确的并且保证操作手册描述的过程能够正确进行。

- 在线帮助测试（online help testing）：主要用于验证系统的实时在线帮助的可用性和正确性。

- 网络测试：在网络环境下和其他设备对接，进行系统功能、性能与指标方面的测试，保证设备对接正常。网络测试考察系统的处理能力、系统兼容性、系统稳定性、系统可靠性及用户使用情况等。

- 稳定性测试：目的是评价系统在一定的负荷下长时间的运行情况。它包括在一定负荷下，当再增加系统新的业务时，原有的业务是否受影响，新的业务是否能正常工作，系统资源有无泄露，数据有无不一致的情况，系统性能是否会下降。其关键点是长时间运行后，系统的状况如何，系统平均无故障时间是否满足系统设计的要求。

2. 测试需求与测试类型的对应

根据质量特性和测试类型的对应关系，可以将不同的测试需求归纳到不同的测试类型中。

- 功能适用性：属于功能测试。

- 可靠性：属于可靠性测试、启动/停止测试、恢复性测试、健壮性测试、备份测试。

- 易用性：属于可用性测试、文档测试、安装测试。

- 运行效率：属于强度测试、性能测试、指标测试、内存泄露测试、容量测试、压力测试。

- 可维护性：属于可维护性测试。

- 可移植性：属于配置测试、安装测试。

- 安全性：属于安全性测试。

- 兼容性：属于兼容性测试、互操作性测试。

把测试需求归纳到测试类型，便于测试工作的分配。比如，所有与功能测试相关的测试需求由张三负责完成测试用例设计，所有与性能测试相关的测试需求由李四负责完成测试用例设计。

在实际工作中，也可以将测试需求的确定和归纳到测试类型中的顺序调换一下。也就是说，先根据经验判断可以进行哪些类型的测试，然后针对每种测试类型来确定测试需求。一般而言，对于比较熟悉的系统，可以采用此方式，比如，某人一直是测试手机的，现在进行的项目仍然是手机。而对于从来没有接触过的系统，建议借助质量模型分析测试需求，然后再归纳到测试类型中并进行分工。

4.2.3 系统测试子项的细分

测试子项的细分一直是测试用例设计中比较难的部分，涉及的主观因素比较多。下面通过几个例子来介绍各种常见测试类型的测试子项的细分。需要注意的是，测试子项可以分得很细，也可以分得很粗。如果很细，那么后面比较容易编写系统测试用例；否则，会对编写系统测试用例的测试工程师提出很高的要求。测试子项的细分实际上反映了测试工程师的测试思路，因此测试子项的细分一定要围绕测试本身来进行，不要为了细分子项而细分子项。

1. 功能测试子项的细分

功能测试子项的细分有以下几种不同的思路。

- 根据控件：用户对系统的使用是借助各种界面上的控件完成的，因此可以从控件出发来细分测试子项。

- 根据增删改查：由于大多数系统具有增加、删除、修改、查询的基本功能，因此，如果时间紧迫，也可以从这 4 项入手来考虑测试子项的细分。

- 根据用户的使用情况：这种思路是最难但也是最有效的，根据用户对系统功能的使用情况来细分测试子项。

例如，Word 中"文件"菜单的测试子项细分如表 4-3 所示。

表 4-3　Word 中"文件"菜单测试子项的细分

测试需求	测试子项 1	测试子项 2
"文件"菜单的功能	新建	新建空白文档
		新建网页文档
		根据已有文档新建
	打开	打开文件

2. 性能测试子项的细分

性能测试需求细分的意义不是很大，因为性能测试需求已经很具体。如果非要细分，可以考虑以下几个方面。

- 验证性能需求。

- 检测具体性能。

例如，对于用 Word 打开文件的时间，性能测试子项的细分如下所示。

- Word 在 20s 内打开 10MB 大小的文件。

- 检测 Word 打开不同大小文件的时间。

3. GUI 测试子项的细分

图形用户界面（Graphic User Interface，GUI）测试子项的细分也相对比较容易，主要考虑控件的显示和整体的布局，通常有一些常规的列表可供选择。

例如，Word 中关于 GUI 显示的测试子项细分如表 4-4 所示。

表 4-4　Word 中关于 GUI 显示的测试子项细分

测试需求	测试子项 1	测试子项 2
Word 中 GUI 的显示	控件的显示	工具栏的显示
		工具栏中控件的提示信息
	整体的布局	拖动工具栏对布局的影响

4. 其他测试子项的细分

除了上面最主要的 3 种测试子项的细分之外，其他测试子项的细分都不是很复杂，一个测试点就可以为一个测试子项。比如，对于配置测试，检查在不同浏览器上的使用情况是测试需求，因此检查在 IE 上的使用情况就可以为一个测试点，也就是可以为一个测试子项，检查在 IE 10 上的使用情况就是更小的测试子项。子项划分得越细，意味着测试考虑得越全面。

4.2.4 编写系统测试用例

在编写系统测试用例时，需要结合系统测试用例设计的目标，也就是要充分覆盖需求。需求 100%覆盖不仅指每个需求都有对应的用例测试用例，还应该达到以下 3 个目标。

- 达到质量部门规定的用例密度，单位是用例数/千行代码（Kilo Line Of Coding，KLOC）。

- 用例要尽量均匀分布在每个需求中，否则用例密度这个指标是没有意义的。

- 可以根据需求的优先级区分用例设计的密度，对于优先级高的需求，要尽可能多地设计测试用例。

1. 测试用例设计方法回顾

这里回顾前面提到的各种测试用例设计方法。

- 等价类划分法：把所有可能的输入数据（即程序的输入域）划分成若干部分，然后从每一部分中选取少数有代表性的数据作为测试用例。

- 边界值分析法：通过边界值来覆盖等价类，以便能更有效地发现缺陷。

- 判定表法：用来测试各种输入条件的组合，通过化简输入条件的排列组合来完成用例设计。

- 因果图法：提供了一种把规格转化为判定表的系统化方法。判定表用于因果关系明确的需求；而因果图用于具有复杂的因果关系的需求，然后把因果图转化为判定表。因果图分析还能指出需求规格说明描述中存在什么问题。

- 状态迁移图法：用来测试系统工作状态之间的转换以及设置、取值的修改。

- 流程分析法：将软件系统的某个流程看成路径，并用路径分析的方法来设计测试用例。根据流程的顺序依次进行组合，使得流程的各个分支都能覆盖到。这是从白盒测试中路径覆盖分析法中推广到黑盒测试中的测试分析方法。

- 正交试验法：从大量的试验点中挑选出适量的、有代表性的点，应用依据迦罗瓦理论导出的"正交表"，合理地安排试验的一种科学的试验设计方法。与判定表法需要手工进行组合和化简不同，对于组合的选择，正交试验法是依靠算法自动选取的。

- 输入域测试法：一种综合的方法，将前面提到的等价类划分法和边界值分析法放到一起，并加入了对特殊值的测试。

- 输出域分析法：分析各输出的等价类，通过选择那些会导致各个输出的等价类被覆盖到的输入点来执行测试，期望覆盖输出域等价类。

- 异常分析法：针对系统有可能存在的异常操作、软硬件缺陷引起的故障进行分析，依此设计测试用例。其主要针对系统的容错能力、故障恢复能力进行测试。

- 错误猜测法：根据经验猜想可能有什么问题并依此设计测试用例。错误猜测法只能作为测试设计的补充，而不能单独用来设计测试用例，否则可能会造成测试不充分的后果。

无论采用哪一种方法都有其局限性，需要在实际工作中灵活使用、组合使用。

2. 从验证需求规格的角度设计用例

系统测试中一个很重要的目的就是验证实现的系统是否和需求规格说明书完全一

致。为了做到这一点，最基本的就是保证需求规格说明书中的每一句话都有相应的测试用例。针对不同的内容，需要选用不同的用例设计方法。

- 对于输入，可以选择等价类划分法、边界值分析法、正交试验法、状态迁移图法。

- 对于处理过程，可以选择判定表法、因果图法。

- 对于输出，可以选择等价类划分法、边界值分析法、输出域分析法。

再结合错误猜测法、异常分析法，基本上就可以完成对需求规格说明书的验证。

3.　从用户使用的角度设计用例

需求规格说明书不可能把用户的各种使用情况都包含进去，而用户的使用更多的是将多个特性串起来，因此需要站在用户使用的角度来设计测试用例。

要想真正设计好用例，就要站在用户的角度考虑，尽可能地熟悉被测系统，熟悉使用系统的这些角色的各种特征。比如，如果被测系统是供女性使用的，那么测试工程师就需要了解女性的使用习惯，而不是仅仅从自身角度来进行测试。再比如，如果对一个邮件客户端软件进行测试，需要考虑用户在收邮件前删除收件箱中邮件的情况，因为前面的删除操作可能会对后面收取邮件的操作产生影响。

4.　从多用户同时使用的角度设计用例

要对网站进行测试，就要考虑同时有多个用户访问的情况，不同用户的操作之间可能会产生干扰和影响。比如，如果一个用户在查看信息列表，而另一个用户在删除信息，这样会不会出现异常情况，是需要进行测试的。

第 5 章　敏捷项目管理

敏捷方法是从 20 世纪 90 年代发展起来的一种方法学的总称，包括极限编程等。这些方法学之间有些差异，但是差异不是很大。每种方法学的领导者一起起草了《敏捷软件开发宣言》，总结了方法之间的共同点，就是价值，并且用敏捷方法统称这些方法学。

5.1　建立敏捷思维

敏捷开发（agile development）是一种以人为核心、迭代、循序渐进的开发方法。采用用户故事等轻量级的需求描述，不断扩展、编码和测试。

5.1.1　传统管理面临的挑战

长期以来，软件开发过程一直在两种开发方式之间摇摆不定，即正规的软件开发方式和随性的边写边改的方式。

传统方法虽然以预测性为原则，以文档驱动开发过程，以过程为核心，但传统的开发模式无法严格执行，大多停留在理想状态。

一方面，大多数软件开发仍然是典型的"边写边改"的过程。尤其是在创业型企业，其需求需要根据市场要求及时调整，计划也会不断变化，设计过程充斥着短期的、即时的决定，而无完整的规划，已经开发的功能需要根据以上这些调整重新开发，而且最终产品与用户的最终期望差距较大，容易造成项目的失败。当系统变得越来越复杂时，想要加入新的功能就会越来越困难；同时当错误越来越多时，越来越难以排除。典型的就是当系统功能完成后会有一个很长的测试阶段，甚至遥遥无期，从而对项目产生严重的影响。造成这种状况的原因是客户会慢慢发现他们的需要，开发人员会在开发过程中会慢慢发现如何更好地开发客户需要的系统，在整个过程中很多事情是慢慢演进的。

另一方面，正规的软件研发过程经过瀑布模型到螺旋迭代等不断的优化，已日趋完善，但是并没有取得太大成功，甚至没怎么引起人们的注意。对于这些方法，常听到的批评就是过程繁杂，对文档的要求严格，这在很大程度上造成了效率下降，即人们所说的"重型化危机"。如果按照其要求，就有太多的事情需要做，而延缓整个开发进程。所以通常认为它们是"烦琐滞重型"方法，或 Jim Highsmith 所称的"巨型"（monumental）方法。

瀑布模型造成了诸多问题，包括版本发布的周期越来越长，版本无法按时发布，在版本发布的最后阶段让软件稳定的时间越来越长，制订计划的时间越来越长且不准确，在版本发布期间很难进行改变从而使员工士气受挫。

5.1.2 敏捷思维的引入

作为这些方法的对立方法，一类新方法出现了，一般称为"敏捷型"方法。对许多人来说，这类方法的吸引力在于对繁文缛节的简化。它们在无过程化和过于烦琐的过程之间达到了一种平衡，能以简单的过程获取较满意的结果。

"敏捷"一词产生于 2001 年 2 月 11 日～13 日召开的一次会议上，Martin Fowler、Jim Highsmith 等 17 位软件开发领域的领军人物聚集在美国犹他州，经过 3 天的讨论，总结出了全新的软件开发价值观，并且一致同意以"敏捷"（agile）这个词加以概括。该价值观体现在《敏捷宣言》中，从此宣告敏捷开发运动的开始。之后，敏捷联盟成立，敏捷开发作为一种新的方法正式诞生。

敏捷宣言包括 4 个价值观以及 12 条准则，这 12 条准则是 4 个价值观在实际工作中的体现。

5.1.3 敏捷的定义

简单来说，敏捷开发是一种以人为核心、迭代、循序渐进的开发方法。不再把开发者当作一个物化的、投入多少时间完成相应数量代码的开发机器；而更注重开发者之间的交互以及开发者和用户之间的交互，同时因为增加了交流和协作，使得开发的项目更加灵活和易于修改。在敏捷开发中，把软件项目切分成多个子项目，各子项目都要测试，具备集成和可运行的特征。换言之，就是把一个大项目分为多个相互联系但又可独立运行的小项目，并分别完成，在此过程中软件一直处于可使用状态。

敏捷方法与传统的烦琐滞重型方法有一些显著的区别。

其中一个显而易见的区别在于文档。敏捷型方法使用轻文档，对于一项任务，它们通常只要求尽可能少的文档。从许多方面来看，敏捷型方法更像是"面向源码的"（code-oriented）。事实上，敏捷型方法最根本的文档应该是源码。

文档减少仅仅是一个表象，它反映的是更深层的准则——敏捷型方法是"适配性"的而非"预设性"的。烦琐滞重型方法是指对软件开发项目在很长的时间跨度内制订出详细的计划，然后依计划进行开发，这类方法在计划制订完成后拒绝变化。而敏捷型方法则欢迎变化，目的就是成为适应变化的过程，甚至允许改变自身来适应变化。

另一个区别则是敏捷型方法是"面向人的"（people-oriented），而非"面向过程的"（process-oriented），它试图使软件开发工作顺应人的天性而非逆之，强调软件开发应当是一项愉快的活动。

以上两个特点很好地概括了敏捷开发方法的核心思想——适应变化和以人为中心。

5.1.4 敏捷宣言的价值观和准则

《敏捷宣言》中包含 4 个价值观和 12 条准则。下面介绍其具体内容。

通过身体力行和帮助他人来揭示更好的软件开发方式。通过这项工作，我们形成了如下价值观。

- 个体与交互重于过程和工具。

- 可用的软件重于完备的文档。

- 客户协作重于合同谈判。

- 响应变化重于遵循计划。

在每一项比对中，后者并非全无价值，但我们更看重前者。

《敏捷宣言》中隐含的 12 条准则如下。

- 我们的最高目标是，通过尽早和持续地交付有价值的软件来满足客户。

- 欢迎对需求提出变更——即使是在项目开发后期。要善于利用需求变更，帮助客户获得竞争优势。

- 要不断交付可用的软件，周期从几周到几个月不等，且越短越好。

- 在项目开发过程中，业务人员与开发人员必须一起工作。

- 要善于激励项目人员，给他们需要的环境和支持，并相信他们能够完成任务。

- 无论是团队内还是团队间，最有效的沟通方式是面对面交谈。

- 可用的软件是衡量进度的主要指标。

- 敏捷过程提倡可持续的开发。项目方、开发人员和用户应该能够保持恒久稳定的进度。

- 对技术的精益求精以及对设计的不断完善将提升敏捷性。

- 要做到简洁，即尽最大可能减少不必要的工作。这是一门艺术。

- 最佳的架构、需求和设计出自自组织的团队。

- 团队要定期反省如何能够更有效地工作，并相应地调整团队的行为。

敏捷开发过程中使用的技术和开展的活动都必须满足这 12 条准则。

5.1.5　敏捷的四大核心支柱

敏捷的四大核心支柱也是其价值观的集中体现。

- 迭代开发：在敏捷开发模式下，我们将开发周期分成多个 1～4 周的迭代，每个迭代都交付一些增量的可用的功能。迭代的长度是固定的，如果我们选择了 1 周的迭代，那么要保持它在整个产品开发周期内每个迭代都是 1 周的长度。这里要强调的是，每个迭代必须产出可用的增量功能，而不是第 1 个迭代用于满足需求，第 2 个迭代用于进行设计，第 3 个迭代用于编写代码。

- 增量交付：增量是一个迭代中完成的所有产品待开发功能列表（product backlog）的总和。在迭代的结尾，新的增量必须"完成"，这意味着它必须可用并且达到了敏捷团队中"完成"定义的标准。无论产品负责人是否决定真正发布它，增量必须可用。增量是从用户的角度来描述的，它意味着从用户的角度可工作。

- 自组织团队：Scrum 团队是一个自组织的团队。传统的命令与控制式的团队只有执行任务的权利；而自组织团队有权进行设计、计划和执行任务，自组织团队还需要自己监督与管理其工程过程和进度，自组织团队自己决定团队内如何开展工作，决定谁来做什么，即分工协作的方式。

- 高优先级的需求驱动：在敏捷开发中，我们使用产品待开发功能列表来管理需求，产品待开发功能列表是一个需求的清单，产品待开发功能列表中的需求是逐渐细化的，待开发功能列表当中的条目必须按照商业价值的高低排序。Scrum 团队在开发需求的时候，从待开发功能列表最上层的高优先级的需求开始开发。在 Scrum 中，只要有 1～2 个迭代（sprint）开发细化了高优先级的需求，就可以启动迭代，而不必等到所有的需求都细化之后。我们可以在开发期间通过梳理待开发功能列表来逐步细化需求。

5.2 敏捷项目的开展

敏捷是一个统称，不同的项目在实施敏捷开发会根据软件项目和软件企业内部的特点选择更适合自己的敏捷实施方法，如 Scum、极限编程（eXtreme Programming，XP）、测试驱动开发（Test Driven Development，TDD）等。

5.2.1 敏捷的框架及生命周期

敏捷方法是一种试图通过小型的、自我管理的团队采用短的发布周期来促进迭代式软件开发的方法。软件的质量贯穿敏捷软件开发的每一个阶段，且非常重要，并提出很多关键的方法来保证在每一个迭代周期内及早发现且及时采取措施消灭开发过程中出现的错误。

在敏捷方法提出的理念下，衍生出了很多不同的敏捷软件开发方法，如下面提到的 Scrum、极限编程、测试驱动开发、重构和持续集成。

Scrum 是目前敏捷方法里最出名并且敏捷开发团队最熟悉的方法之一。

敏捷管理项目所使用的框架就是 Scrum。Scrum 不是一种流程或一种技术，而是一个框架，是迭代式增量软件开发过程。框架包括一系列的预定义角色，人们可以应用各种流程和技术，解决复杂的自适应问题，同时也能高效并有创造性地交付高价值的产品。

1986 年，竹内弘高和野中郁次郎在"New Product Development Game"文章中首次提到将 Scrum 应用于产品开发。他们指出：传统的"接力式"的开发模式已经不能满足快速灵活的市场需求，而整体或"橄榄球式"的方法（团队作为一个整体，在团队的内部传球并保持前进）也许可以更好地满足当前激烈的市场竞争。

Scrum 框架包括 Scrum 团队及其相关的角色、事件、工件和规则。框架中的每个模块都有其特定的目的，对 Scrum 的成功实施和运用都至关重要。

Scrum 是轻量级的、容易理解的、难以精通的；Scrum 能使产品管理和开发实践的相对功效（relative efficacy）显现出来，以便进行改进；Scrum 的影响已经远远超出软件开发，成为零售、风险投资甚至学校完成各项任务的创新方法，正在改变着世界。

既然 Scrum 是敏捷的框架，那么在敏捷项目中 Scrum 周期是如何执行的？

图 5-1 是一个 Scrum 周期的执行过程。

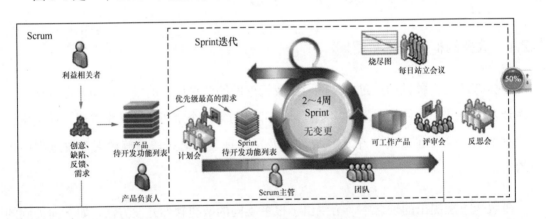

▲图 5-1　Scrum 周期的执行过程

把整个项目分解为若干迭代，即若干 Scrum 项目周期，而每个迭代称为一个迭代。迭代是一个时间概念，该时间周期是完成一组功能开发所需要的时间。

迭代从 Scrum 团队打算把精力放在一组功能上开始，即着手开始实现该组功能开始。而这组功能是由 Scrum 团队在计划阶段从产品待开发功能列表中选择的。产品待开发功能列表是指一张关于软件开发所有可能的功能列表，该列表中的功能均设置了优先级。

计划阶段结束后，所有从产品待开发功能列表里选出来的功能都会被加入 Sprint 待开发功能列表中，Scrum 周期内会根据 Sprint 待开发功能列表中的功能列表进行跟踪。Sprint 待开发功能列表体现的是团队要开发的具体功能的细节，或者是需求内提取出来的功能点，一旦 Sprint 待开发功能列表定义完成，就开始整个迭代周期。

通常一个迭代周期会持续 30 天。在迭代期间，团队成员会聚在一起检查工作进展并确保每一个队员的工作效率。而在这个迭代周期的末尾，在 Sprint 待开发功能列表里定义的功能点将全部执行完成。

完整的 Scrum 流程举例如下。

（1）需要确定产品待开发功能列表（按优先顺序排列的一个产品需求列表），这是由产品责任人（Product Owner，PO）负责的。

（2）Scrum 团队根据产品待开发功能列表，进行工作量的预估和安排。

（3）有了产品待开发功能列表，需要通过迭代计划会议来从中挑选出一个用户故事，这从用户的角度对系统的某个功能模块进行的简短描述。一个用户故事描述项目中的一个小功能，以及这个功能完成之后将会产生什么效果，或者能为客户创造什么价值。作为本次迭代完成的目标，这个目标的时间周期是 1～4 周，然后把这个用户故事进行细化，形成一个 Sprint 待开发功能列表。

（4）Sprint 待开发功能列表是由 Scrum 团队完成的，对于每个成员，根据 Sprint 待开发功能列表再细化更小的任务（task）。

注意：细化到每个任务的工作量在两天内能完成。

（5）在 Scrum 团队完成计划会议上选出的迭代产品列表的过程中，需要进行每日站立会议，每次会议控制在 15 分钟左右，每个人都必须发言，并且要向所有成员当面汇报你昨天完成了什么任务，承诺你今天要完成的工作，同时不能解决的问题也可以提出，每个人回答完成后，要走到黑板前更新自己的迭代燃尽图（burn down chart）。

（6）做到每日集成，也就是每天都要有一个可以成功编译并且可以演示的版本。很多人可能还没有用过自动化的每日集成，其实 TFS（Team Foundation Server）就有这个功能，它可以支持每次有成员进行签入操作的时候，在服务器上自动获取最新版本，然后在服务器中编译。如果通过，则马上执行单元测试代码。当全部通过时，就发布该版本。这时一次正式的签入操作才保存到 TFS 中，中间的任何失败，都会用邮件通知项目管理人员。

（7）当所有用户故事（也就是 Sprint 待开发功能列表）完成时，表示一次迭代完成。这时，我们要进行演示会议，也称评审会议，产品负责人和客户都要参加，每一个 Scrum 团队的成员都要演示自己完成的软件产品。

注意：本公司总经理最好也参加演示会议，这个会议非常重要，一定不能取消。

（8）回顾会议（也称总结会议）以轮流发言的形式进行，每个人都要发言，总结并讨论改进的地方，放入下一轮迭代的产品需求中。

5.2.2　敏捷团队及团队中的角色

Scrum 团队中包含若干个与用户故事有关的利益相关者，主要角色有与项目经理类似的 Scrum 主管角色（负责维护过程和相关任务）、产品负责人（负责维护产品功能）、开发团队（所有开发人员和测试人员）。

在传统工作方式下，开发团队包含很多不同的角色，如项目经理、产品经理、架构师、设计师、用户体验设计师、程序员、测试人员、数据库管理员（DataBase Administrator，DBA）等。但是，在 Scrum 工作方式下，只有 3 个角色，即 PO、Scrum 主管和开发团队。

我们可以以划龙舟的团队角色来类比 Scrum 的角色，划龙舟通常有舵手、鼓手、划桨团队这 3 个角色。Scrum 中的 PO 相当于舵手的角色，他对产品的方向负责，对产品的 Why 和 What 负责，对产品由哪些主要的特性负责。Scrum 中的 Scrum 主管相当于鼓手的角色，他帮助团队提升士气，并进行良好的协作，他是一个 Scrum 的专家、团队的教练、团队的服务式领导。Scrum 团队中的成员对应划龙舟团队中的成员，团队必须协调一致，作为一个整体前进。

Scrum 主管虽然不是项目经理，但是他承担了项目经理的很多职责。他对团队不具有管理权利，而更像是一名教练。他的具体职责如下。

- 管理 Scrum 流程：这是 Scrum 主管最核心的职责，也是 Scrum 主管区别于项目经理的最显著特征。Scrum 主管需要维护每个迭代的流程，确保每个迭代能够顺利地实施以及完成。首先，Scrum 主管负责主持召开迭代期间的每一个会议，包括迭代计划会议、每日站立会议、梳理会议、演示会议以及回顾会议。其次，Scrum 主管还需要帮助 PO 建立产品待开发功能列表与 Sprint 待开发功能列表，并确立每个用户故事的优先级。最后，Scrum 主管还需要帮助团队清除在开发过程中遇到的障碍。Scrum 主管应该有一个阻塞列表（block list），用来记录团队在开发过程中遇到的问题，由 Scrum 主管自己进行管理并最终让每一问题得到及时处理。

- 保护团队：Scrum 主管应该最大限度地保护团队，以确保团队不会被外界（尤其是 PO）干扰。那么 Scrum 主管该如何保护团队呢？团队在什么情况下需要保护呢？在每个 Sprint 的初期制订计划的时候，Scrum 主管应合理根据团队的能力以及过往经验承诺工作量，不要盲目乐观地给 PO 承诺过量的工作。一个好的 Scrum 团队这时应该要懂得如何与 PO "周旋"，获取合理的工作量。这里的 "周旋" 并非消极怠工，故意减少团队的工作量，而是通过安排合理的工作量来使团队达到最高的工作效率，同时不会伤害团队的积极能动性，这是一个良性循环。我们知道，需求的变更对于每一个开发人员来说都是噩梦，而敏捷的一个重要作用就是解决这一问题，让开发者拥抱变化。然而，在我们的敏捷开发项目中，经常遇到 PO 越过 Scrum 主管直接找到团队，对他们指手画脚，发号施令。这时，Scrum 主管应该将 PO 赶走，以避免团队受到 "伤害"。需求改变可以，但是不应该在迭代过程中干扰团队，可以在每日站立会议或者迭代计划会议上提出，共商解决方案。

- 有效沟通：很多时候 Scrum 主管起到了一种 "承上启下" 的作用。Scrum 主管一方面面对的是 PO 以及自己的领导，另一方面面对的是团队。这让人感觉 Scrum 主管仿佛在夹缝中生存，两边都不讨好。因此，沟通艺术的重要性不言而喻。如何说服 PO，让领导满意，并且让团队开心，是一门学问。

- 把关质量：从此刻开始，Scrum 主管更像是一个项目经理。无论是从质量、进度方面，还是从团队方面，他都承担了项目经理的职责。对于团队来讲，这时的 Scrum 主管不再是那个"保护"我们的人，而是变成那个"收保护费"的人。然而，在实际项目中，Scrum 主管确实要承担这些职责，只不过有些已经融入日常的 Scrum 流程中。

- 跟踪进度：进度管理是 Scrum 主管承担的又一项项目经理的职责。

- 团队建设：建设好团队，是每个 Scrum 主管的重要使命。那么如何有效地进行团队建设呢？敏捷开发的一个重要特征就是团队自组织。团队自组织的优势在于，通过放权给团队，让他们自主思考，设计开发，不对其干预，从而让团队中的每个人具有成就感，进而提高整个团队的积极能动性，打造学习型团队。一个方法就是通过在团队内部定期分享知识的方式，让每个人都能学到新的知识，从而让团队逐步成长。比如，可以在每周五的下午 4 点利用 1 小时的时间，让团队成员举办知识讲座。通过这种形式提升每个人的积极性。分享的内容并非一定是技术方面的，也可以是其他方面的，只要每个人感兴趣就行。这样做不仅提高了团队的技术能力，还让团队之间能够更轻松愉快地交流，从而提升团队的凝聚力、战斗力。

PO 的职责如下。

- 创建产品愿景，PO 负责产品开发，对外要和市场部经理及高级经理沟通，对内要和 Scrum 团队沟通。

- 定义产品特性，产品待开发功能列表是一组软件的功能，即特性的集合。定义的产品待开发功能列表，必须是详略得当的，可估计的，可以理解的，有优先级的。每个特性有齐备的定义（Definition of Ready，包括给出的前提条件、什么时间点用户执行了哪些操作、用户能得到什么）和完成的定义（Definition of Done，包括可以开始开发的条件和确定已经完成开发的条件）。

- 确定产品特性优先级，要为每个特性定义它的优先级，优先级可以分为必须有、应该有、可以有和不能有这 4 种级别。

- 保证迭代开工条件，与开发团队（包括测试人员）一起精炼用户需求，编写用户故事。用户故事常采用作为一个〈用户角色〉，我想〈做什么〉，以便于〈实现价值〉的格式。PO 和团队讨论用户故事，确保理解一致。比如，一个产品待开发功能列表是需要登录的页面，验收标准（Acceptance Criteria，AC）可以是用户通过登录页面，输入正确的账号和密码，页面显示登录成功。一个产品待开发功能列表经常对于多个 AC（比如，密码出错的情况）也是一种 AC。AC 确定之后，由 PO 确认，但不签字（签字就以为这一种合约，合约意味着签合约的双方代表不同的利益，但是实质上 PO 和团队在一个 Scrum 团队中）。通常提炼用户需求过程，不在迭代里完成，而是在上一个迭代里就需要精炼、细化下一个迭代的需求。

- 接受或拒绝迭代的交付。PO 是 Scrum 团队中 3 个角色里唯一被赋予职权的角色，他有权决定是接受或者拒绝迭代的交付。

Scrum 开发团队要对实现迭代目标做的所有事情负责，包括技术方案和决策、团队分工（谁做什么）、执行迭代开发任务等。另外，作为自组织团队，他们也要对其工作进度的跟踪和管理负责。Scrum 开发团队的主要职责包括如下 5 个方面。

- 执行迭代。

- 整理产品待开发功能列表。

- 制订迭代计划。

- 每天跟进工作进展，并对团队的工作进行检查和调整。

- 在每个迭代中对产品与团队的工作过程进行检查和调整。

与传统经理领导的团队相比，敏捷开发团队的主要特征就是自主管理，并且为自组织团队。自组织团队是敏捷软件开发的基本观念。自组织团队也叫自我管理团队或者被授权的团队。团队被授权自己管理其工作过程和进度，并且由团队决定如何完成工作。

因此敏捷开发团队是自组织、多元化、跨职能的完整团队。团队成员符合 T 形技能（即一专多长）。团队成员持续改进，最大限度地沟通、透明地沟通。团队规模在 5～9 人。团队专注、投入，按照可持续的节奏工作。团队长期存在、人员稳定。

自组织团队拥有如下权利。

- 决定谁做什么，即任务的分配。

- 决定如何做，如何实现目标。

- 在确保目标的前提下确定团队内的行为准则。

- 保持过程的透明性。

- 监督和管理其过程与进度。

自组织团队通常由不同职能专业、思考方式和行为模式的成员组成，也就是说，它是跨职能的团队。自组织团队不是与生俱来的，打造一个团队需要一个过程。

5.2.3　敏捷迭代及主要活动

敏捷团队的研发被分解到若干迭代中，敏捷的迭代开发和传统开发模式的迭代开发有什么区别？

在传统开发模式下，把整个开发工作分为一系列短小的、固定长度（如 3 周）的小项目，称为一系列的迭代，这叫迭代开发。传统开发模式下，每一次迭代都包括定义、需求分析、设计、实现与测试。而敏捷开发以用户的需求进化为核心，采用迭代、循序

渐进的方法进行软件开发。前者是软件开发的生命周期模型，是一种开发过程；后者是
多种软件开发项目管理方法的集合，是一种开发方法。这是两者最根本的区别。与迭代
开发对应的是瀑布模型、螺旋模型等，而与敏捷开发对应的是 Scrum、极限编程、水晶
编程等开发方法。

　　无论是传统开发模式的迭代还是敏捷的迭代，产品的功能都随着迭代周期的递增而
递增。产品的开发周期如图 5-2 所示。

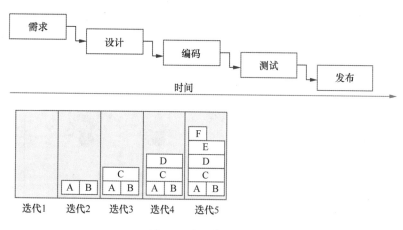

▲图 5-2　产品的开发周期

　　敏捷开发的定义就已经说明，采用迭代的方法进行软件开发。那么有人会问：敏捷
开发为什么要采用迭代开发呢？不要忘了敏捷开发的核心原则是拥抱变化和递增变化。
迭代开发适合那些需求信息不明确的项目，这样在开发过程中当遇到需求的变化时，所
带来的影响要比其他模型的小。而现在的很多项目中，在项目中变化需求很常见，所以
迭代开发的优势更明显，这正符合敏捷开发中的拥抱变化。迭代开发不要求每一个阶段
的结果最完美，明知道还有很多不足的地方，却偏偏不去完善它，而是先把主要功能搭
建起来——以最短的时间、最小的损失先完成一个"不完美的成果"直至提交，然后再
通过客户或用户的反馈信息，在这个"不完美的成果"上逐步完善，这正符合敏捷开发
中的递增变化。当然，敏捷开发只是一个总体概念，而迭代开发只是所有敏捷开发所采
用的一个主要的基础实践。除迭代开发之外，敏捷开发还包含其他许多管理与工程技术
实践，如演进式架构设计、敏捷建模、重构、自动回归测试（Automation Regression Testing，

ART）等。总之，敏捷开发和迭代开发是整体与局部的关系，前者就像大家庭，后者只是大家庭中的一员。

敏捷开发能够缩短项目的反馈周期，因为它将项目分成若干个迭代周期，每个迭代周期结束后都能立即反馈。另外，通过不断的沟通，还能减少理解上的偏差，配合反馈，减少误解，从而降低修正错误的代价。在每个迭代周期的结束都能接受验证，从而能快速适应变化，及时适应新需求的变化，保证产品的正确性。

传统开发模式下的迭代并不响应变化，而敏捷开发模式下的迭代拥抱变化，二者的效果如图 5-3 所示。

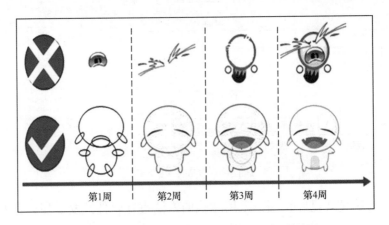

▲图 5-3　传统开发模式与敏捷开发模式下迭代的效果

那么迭代周期设定为多少合适呢？原则是"小步快跑、快速迭代"。当然，系统大小也会影响到迭代周期，所以迭代周期一般设置为 1～6 周。

不同的团队会根据自身的要求指定迭代周期，如 QQ 安全管家是一周发布一个 Beta 版本，一个月发布一个正式版；小米的 MIUI 每天更新荣誉开发组版，每周更新 ROM 包供用户下载；百度每天会有上百次更新、升级，在搜索的结果页中每天都有几十个等待测试上线的升级项目。可见快速迭代是许多公司推荐的一种开发模式。

还有一点要注意，快速迭代不是说一定要做好了才能上线，半成品也能上线。

在一个敏捷的迭代（即一个 Sprint）内，工作流程可参照 5.2.1 节中的 Scrum 流程。

5.2.4 敏捷中的跟踪机制

项目跟踪控制的目的是保证项目目标的达成。项目周期是重要的项目目标，因此进度控制是重要的监控内容。同时，软件产品的质量、成本等也应该根据当初定义的目标进行监控。否则，到了时间点，产品虽然完成了，但因为质量和成本都达不到要求，所以仍然是失败的。有监控，但项目仍然延期，或者仍然达不到当初定义的质量和成本要求，原因何在？只跟踪不控制，只发现问题不寻找问题的根源，只应急处理问题而不提前观察各种征兆，是监控中最常见的现象。

敏捷项目如何跟踪呢？

首先，在敏捷开发中，比较传统同时使用也非常广泛的一种跟踪方式是故事板（story board）。这种方式简单、直观。即使现在已经涌现了很多非常优秀的电子管理工具，许多团队仍然对故事板情有独钟。近些年，出现了很多跟踪进度的 Scrum 工具，比较有名的有 Jira，它的使用也非常简单和直观，而且功能非常强大，强烈推荐读者使用。

然后，可以通过每日站立会议获取团队每天的工作进度。此时我们可以根据进展进行一些必要的调整，任务调整情况及时反映在任务看板上。任务看板的示例如图 5-4 所示。

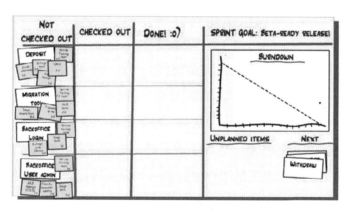

▲图 5-4 任务看板的示例

实际的任务看板可能会更加复杂，如图 5-5 所示。

每日站立会议（见图 5-6）是一种站立会，形式比较自由，根据每个人的反馈及时更新任务看板。

▲图 5-5　实际的任务看板

▲图 5-6　每日站立会议

　　说到敏捷开发的跟踪，燃尽图是无法避开的一项，它可以用来描述一个迭代和多个迭代的任务完成情况。燃尽图是在项目完成之前，对需要完成的工作的一种可视化表示，描述的是随着时间的推移而剩余的工作数量。燃尽图有一个 y 轴（表示工作）和 x 轴（表示时间）。理想情况下，燃尽图是一条向下的曲线，随着剩余工作的完成，"烧尽"至零。燃尽图向项目组成员和企业主提供工作进展的一个公共视图。每个迭代都有很多待开发的用户故事，在敏捷开发中，用户故事可以用于评估工作量。因此，用户故事越详细，燃尽图越准确。一般多次迭代的燃尽图比一次迭代的燃尽图更有意义。燃尽图的示例如图 5-7 所示。

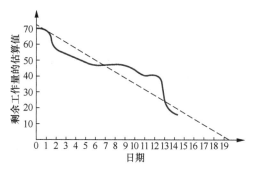

▲图 5-7 燃尽图

用户故事的拆分粒度对燃尽图的影响很大。用户故事的拆分粒度越小，越能反映真实的状况。然而，也不是粒度越小越好，如果将用户故事拆分成可以以人·时为单位的工作量，那么就会对团队的工作量估算准确度提出更高的要求，也会带来更多的角色交流成本。

5.3 敏捷工程中的主要实践

敏捷工程中的主要实践涉及完整团队、结对编程、测试驱动开发、持续集成与用户故事。

5.3.1 产品待开发功能列表和用户故事

关于需求，有一个神乎其神的神话：如果你把它写下来，用户就能得到其真正想要的东西。然而，事实上并非如此。用户写下来的东西，可能也不是他们真正想要的。

敏捷中使用产品待开发功能列表代替需求文档。

产品待开发功能列表由所有的功能特性［包括业务功能，非业务功能（与技术、架构和工程实践相关），提升点以及缺陷的修复等］组成。这些内容也是将来产品版本发布的主要内容。

一个完整的待开发功能列表是一个蓝图，可以根据它来把产品改造成我们期望的样子。但是在 Scrum 中，订单是根据产品和产品使用环境的演化而不断演化的，所以订单是动态的，我们会持续改变它以确保我们的产品是最合理的、最有竞争力的和最有价值的。

良好的产品待开发功能列表需要具备以下特点。

- 优先级越高的待开发功能列表需要越清晰、越详细。

- 对每个待开发功能列表项（包括成本、复杂度、风险、功能点）进行估算。优先级越高的待开发功能列表的估算越精确，在估算过程中可能会导致待开发功能列表的优先顺序发生变化（对于那些很重要并且可以快速完成的功能，先实现）。我们要经常进行估算，估算方式可以由整个团队共同决定。

- 把产品实施或者技术支持部门反馈的许多产品缺陷放入待开发功能列表中，确保对所有的技术问题都做了充分的考虑。

- 产品待开发功能列表要按照发布版分组，要让开发团队的所有成员了解总体开发目标。

- 要指定一个负责人来管理待开发功能列表。这个人的职责是管理和控制待开发功能列表。对于商业产品的开发，待开发功能列表的负责人也许会是产品经理、项目经理或者其指派的人。

图 5-8 展示了产品待开发功能列表的例子。

在产品待开发功能列表中，要使用用户故事描述需求，有的文章认为待开发功能列表就是用户故事。用户故事从用户的角度来对需要改进的功能进行简单的描述，是将团队焦点从编写功能需求转移到讨论它们的最佳方式。用户故事可以写在索引卡片、便签上，也可以排列在墙上或桌子上。

ID	名称	重要性	理想的人·天	演示方式	注意事项
1	存款	30	5	登录，打开存款界面，存入10欧元，转到我的账户余额界面，检查我的余额增加了10欧元	需要UML顺序图。目前不需要考虑加密的问题
2	查看自己的交易明细	10	8	登录，单击"交易"，存入一笔款项。返回交易页面，看到新的存款显示在页面上	使用分页技术避免大规模的数据库查询。和查看用户列表的设计相似

▲图 5-8 产品待开发功能列表

注意： 粒度要保证可测试、可验证，在一个 Sprint 内可以完成。

如下面一个用户故事：作为 <教师或学生>，我想<登录教务手机 App>，以便于<我能正常查看课表或者查分>。该故事的描述过于粗糙，还需要针对该故事进行详细讨论。

（1）教师和学生登录手机 App 的流程是否一样？如果不一样，那么这不是一个独立的待开发功能列表。

（2）登录的具体过程如何？还有什么关键点？是否要密码？密码是否区分大小写？用户名是否区分大小写？是否可以记录用户名？是否可以记录密码并且在下次自动登录？密码在传输过程中是否加密？在写待开发功能列表时可以进一步补充。但这些不一定都实现，或者可以先实现优先级高的。

经过详细讨论，将这个用户故事分解为若干个小的用户故事，其中的一个可以这样描述。

作为<教师>，我想<登录教务手机 App，使用的密码和用户名需要记录>，以便于<我在一个月内再次登录时无须重新输入用户名和密码>。

用户故事可以写在卡片上或者 Excel 表格中。图 5-9 中的例子是关于货运单的用户故事。

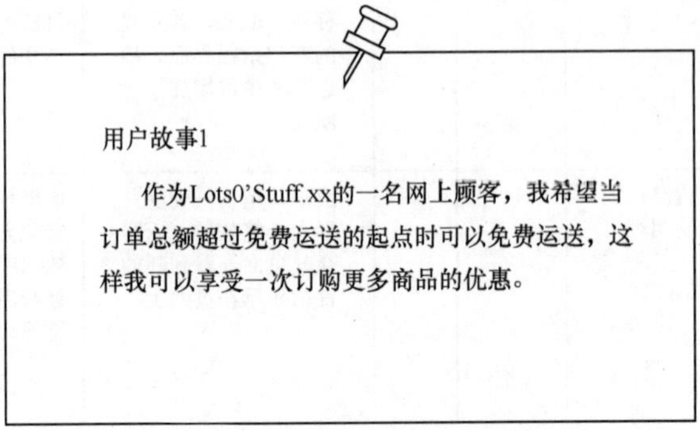

用户故事1

　　作为Lots0'Stuff.xx的一名网上顾客，我希望当
订单总额超过免费运送的起点时可以免费运送，这
样我可以享受一次订购更多商品的优惠。

▲图 5-9　货运单的用户故事

　　产品待开发功能列表保证了需求的可视化，能够让开发团队、利益相关者等人很容
易看到它的内容、状态、进展等。

5.3.2　迭代–增量开发

　　像所有的敏捷过程框架一样，Scrum 是一种迭代式和增量式的软件开发方法。Scrum
的所有实践围绕这一个迭代、增量的过程展开。术语"迭代"和"增量"各有其独特的
含义，下面暂且分开对其进行讨论。

　　增量开发主要是一部分接着一部分地构建一个系统。一部分功能先开发出来，然后
把另一部分功能加入前一部分功能中，依次类推。如在一个在线竞拍网站的开发过程中，
首先开发在该站点创建账户的功能，然后开发能列出待售物品的功能，接着开发针对物
品的竞价功能等。Alistair Cockburn 将增量开发描述为一种"分段和调度策略"。其含义
就是先将开发分段，然后依次开发出来。

　　与之相比，迭代开发则是"重新确定调度策略"。在每次迭代开始前，需要重新审
视产品待开发功能列表，选择本迭代需要做的工作。详细内容参见 5.2.3 节。

　　Scrum 有两个循环，即 Scrum 开发模型和 Scrum 迭代，分别如图 5-10 和图 5-11 所
示。图 5-11 中的循环代表开发活动的迭代，这种循环相继发生。每次迭代的产出成果便

成为产品的增量。图 5-10 中的循环代表迭代过程的每日检查，团队成员举行会议，相互检查工作，进行适当调整。需求列表是推动迭代的主要力量，只要项目存在且需要，这个循环便不断重复。

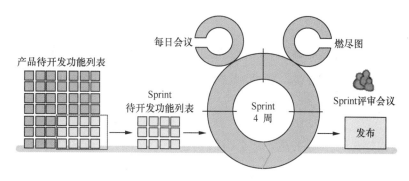

▲图 5-10 Scrum 开发模型

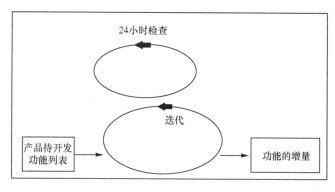

▲图 5-11 Scrum 迭代

每一次的 Scrum 迭代的初期，团队评审待开发功能列表，挑选出他们认为在该迭代结束时能转化为相应功能完整的增量部分。在迭代周期内，团队不受干涉，其待开发功能列表不发生变化。迭代结束时，团队展示完成的功能增量，并且邀请利益相关者进行检查，以对项目进行及时调整。

5.3.3 持续集成

说到持续集成（Continuous Integration，CI），先要说每日构建。简单地讲，每日构建（daily build）就是每天把整个软件项目自动编译一遍，最终生成的产出物必须和交付到用户手中的一样（比如，如果你最终提交给用户的是一个安装程序，那就必须在开发过程中每天编译出一个安装包）。微软每日都会使用每日构建，Google 的浏览器需要使用每日构建，从 20 世纪 90 年代初开始为产品创建正式的每日构建，这已经认为是行业的实践。

每日构建至少要求成功编译、打包、发布；不含有任何明显的缺陷；通过冒烟测试。每日构建可以看成项目的心跳，冒烟测试就像是听诊器。可以将集成风险降到最低，降低质量风险，提升士气。

如果每日构建是一个好主意，那么持续构建一个产品则是一个更好的主意。持续集成要尽可能快地将新开发和修改过的代码集成到一个应用程序中，如图 5-12 所示。

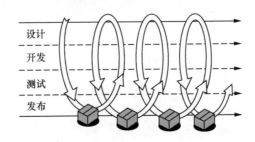

▲图 5-12　持续集成

通俗地说，持续集成就是持续地、频繁地进行集成，每当有新的修改加入时，能够及时告知修改的作者是否在加入新功能的同时保证原有功能的完整性。

持续集成的优点如下。

* 快速发现错误。每完成一些更新，就集成到主干中，这有助于发现和定位错误，尤其是开发提交的工程文件缺失，会马上报告出来，不用花费时间定位。

* 防止分支大幅偏离主干。如果不是经常集成，主干又在不断更新，会导致以后集成的难度变大，甚至难以集成。

* 执行测试用例。我们要求对复杂的、重要的业务方法进行单元测试，这些工作可以通过 CI 完成，测试人员只需要等待报告。

- 自动发布软件,灵活定义配置文件。比如,现在有一台内部测试服务器 A,有一台阿里云测试服务器 B,如果要给服务器 A 发包,则只需要单击"立即构建"即可;如果要给服务器 B 发包,则同样单击"立即构建"即可。因为环境不同,两台机器编译出来的.war 中的配置文件有所不同,这些都可以使用 ant 灵活配置,在项目中可以通过两个 web.xml 保存配置信息,而 ant 根据目标环境不同使用不同的 web.xml。

- 编译之后可以进行静态检查。比如,使用静态分析工具 Pmd、Checkstyle、Findbugs,省去人工查看编码规范的时间,在代码检视中只做业务逻辑检视即可。

持续集成需要自动化测试甚至自动部署等技术的支持,否则测试人员的工作量剧增。持续集成的下一步包括持续交付、持续部署等,最终将产品部署到生产线。

持续集成的流程如下。

(1)提交。开发者向代码仓库提交代码。所有后面的步骤都始于本地代码的一次提交(commit)。

(2)第 1 轮测试。代码仓库为提交操作配置了钩子(hook),只要提交代码或者合并进主干,就会执行自动化测试。测试分为单元测试、集成测试、端对端测试。其中单元测试是必须有的。

(3)构建。通过第 1 轮测试,代码就可以合并进主干,并可以交付了。交付后,先进行构建(build),再进入第 2 轮测试。所谓构建,指的是将源代码转换为可以运行的实际代码,比如,安装依赖、配置各种资源(样式表、JavaScript 脚本、图片)等。常用的构建工具有 Jenkins、Travis、Codeship、Strider 等。

(4)第 2 轮测试。构建完成后,就要进行第 2 轮测试。如果第 1 轮测试已经涵盖所有测试内容,则第 2 轮测试可以省略。当然,这时构建也要移到第 1 轮测试前面。第 2 轮是全面测试,单元测试和集成测试都会执行,根据条件,也要执行端对端测试。所有测试以自动化为主,少数无法自动化的测试用例,就要人工执行。需要强调的是,新版本的每一个更新点都必须测试到。如果测试的覆盖率不高，进入后面的部署阶段后，很可能会出现严重的问题。此时产品已处于可交付状态。

5.3.4　测试驱动开发

测试驱动开发是敏捷实践方法中的一种重要方法。Kent Beck 先生最早在其极限编程方法论中介绍了测试驱动开发，还专门撰写了《测试驱动开发：实战与模式解析》（ISBN 是 978-7-111-42386-7）一书，详细介绍了测试驱动开发的实现。

测试驱动开发就是在开发功能代码之前，先编写测试代码，然后只编写使测试通过的功能代码，从而以测试来驱动整个开发过程的进行。这是一种设计软件的方法，而不仅仅是一种测试方法。

测试驱动开发的基本过程如图 5-13 所示。

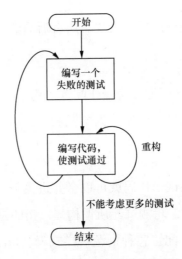

▲图 5-13　测试驱动开发的基本过程

测试驱动开发的实现方式如下。

（1）快速新增一个测试。

（2）运行所有的测试（有时候只需要运行一个或一部分），发现新增的测试不能通过。

（3）做一些小小的改动，尽快地让测试程序可运行，为此可以在程序中使用一些不合理的方法。

（4）运行所有的测试，并且全部通过。

（5）重构代码，以消除重复设计，优化设计结构。

简单来说，就是不可运行→可运行→重构——这正是测试驱动开发的口号。

所创建的测试用例通常替代详细的业务和技术需求定义，也有效地驱动设计，使设计更加趋向于可行的设计。

测试驱动开发的意义如下。

- 从开始就保证了软件的质量。鼓励开发人员仅编写能通过测试、满足需求的代码。代码越少，从逻辑上来说，其中包含错误的概率就越小。

- 测试驱动开发确保了代码与业务需求之间的高度一致性。如果需求是以测试方式给出的，而且通过了所有测试，就可以很自信地说代码满足了业务需要。

- 测试驱动开发鼓励创建更简单、针对性更强的库和 API。测试驱动开发对开发过程的改变很大，这是因为那些为库或 API 编写接口的开发人员就是这个接口的第一用户。

测试驱动开发通常需要自动化测试的支持。测试驱动开发在测试的多个阶段均可以实现，单元测试在测试驱动开发中处于核心地位。

如果要用一个词组总结测试驱动开发的核心信念，那就是"红灯、绿灯、重构"，如图 5-14 所示。该信念会提醒你想起测试驱动开发的工作流程：从需求转到测试，然后再转到代码。该信念还设置了可能会进行重构的预期。

- 红灯阶段。在开始使用测试驱动开发时，许多开发人员都会问："我怎么能为不存在的代码编写测试呢？"事实上，许多测试都是针对当前并不存在的类或方法的。在任何情况下，第一次编写测试时，无论出于什么原因它都会失败。可能是未能通过编译，因为被调用的代码尚未开发完毕；也可能是在测试编译成功后，由于未能从被测方法中获取期望结果而失败。现在的目标是进入"绿灯"阶段。

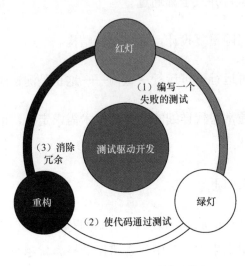

▲图 5-14　测试驱动开发的核心信念

- 绿灯阶段。到达"绿灯"阶段的关键在于仅编写适量的代码，使新测试通过而不会导致任何其他测试失败。仅编写适量的代码以通过测试。

- 重构阶段。现在，目标仅限于使单元测试能够通过。注意，到目前为止还没有考虑可维护性、可读性或整体代码质量。已经创建了一些验证业务要求的单元测试，现在应当转移注意力，使代码具备这 3 种特性。这一实践步骤称为"重构"。

在使用测试驱动开发时，最初编写方法或创建类时的目的只是通过测试。这时不需要寻求什么风格，也不需要使代码精致和能重复使用，只需要尽力使所有测试都亮绿灯，即通过所有测试。在达到这一目的之后，接下来就要改进代码。这是一项非常注重实际经验的方法。许多开发人员花费了大量的时间，希望第一次就使自己的代码变得精致、漂亮。最终会遗漏一些非常重要的业务功能，不得不回头再将它们加入代码中。单元测试可确保只要以重构的名义进行修改，这些代码仍然能够满足业务需求。这就是"无畏重构"（fearless refactoring）一词的出处。

有时，测试驱动开发可以推广到集成测试、端到端测试。很多时候，经过单元测试的几个组件，放在一起却无法正常工作。如果开发团队在项目的早期就考虑到自动化集成测试，并在整个开发周期中对其进行维护，就可以避免这个问题。在开发周期的早期创建自动化集成测试，并定期运行它们，有助于查找和纠正在组成应用程序的各个类、组件和外部资源集成之间出现的错误。如果自动化集成测试失败，就可以马上知道在应用程序的一个接合部出现了问题，而不用等到产品部署两个月后才知道。

5.3.5 自动化测试

自动化测试是敏捷的核心实践之一，敏捷项目依赖于自动化测试。

自动化测试需要测试人员有更高的技术水平。为什么敏捷项目一定要重视自动化测试？具体原因如下。

- 敏捷团队的关注点在于始终有可工作的软件，这样他们可以根据需要随时发布产品软件。这个目标的达成需要持续测试，而自动化测试更加符合敏捷团队的需求。

- 手动测试需要太长的时间，尤其当产品的规模越来越大时，测试所有功能所需的时间会呈指数增长。敏捷团队的成员每天将他们开发的软件保持在产品级，整套回归测试至少每天运行一遍，这是手动回归测试无法做到的。如果代码没有通过一套单元级别的自动化回归测试，那么只是重现和报告那些简单的缺陷，测试人员很可能都要花费大量时间，更没有时间去发现潜在的系统级别的严重缺陷。

- 自动化测试可以减少容易出错的测试任务。手动测试总是需要一遍遍地重复，这样容易犯错误，也会忽略一些缺陷，导致某些问题被遗漏。而自动完成的构建、部署、版本控制和监控有助于降低风险并使开发过程更一致。"一次构建、多次部署"是测试人员的梦想，构建和部署过程的自动化让测试人员在任何给定的环境下都可以确切了解自己的位置。

- 自动化测试可让人们有时间做更有价值的工作。编写测试的代码能帮助程序员理解需求并相应地设计代码。而通过持续构建来运行所有的单元测试和功能回归测试意味着测试人员有更多的时间去做探索性测试，研究系统潜在的薄弱环节。敏捷团队的目标是交付具有最高价值的产品，敏捷团队的成员需要将精力放在提高软件的产品质量上。

- 自动化回归测试提供了安全网，在需要修补某个缺陷或者实现某个设计时，自动化测试可以及时且可高频度给出反馈。某个功能通过自动化测试后，在对它改动之前，必须保证它一直能通过这些测试。当我们为应用中的改变制订计划时，也要相应地修改测试。当某个自动化测试用例失败时，说明代码的改变可能已经导致了一个回归缺陷。每次新代码签入后，运行自动化测试可以保证快速地发现回归缺陷。快速反馈可以保证程序员立刻着手解决问题，这也会比在数周后再解决的速度要快。

优秀的自动化测试能帮助团队高效地发布高质量代码。自动化测试为团队提供了一种在将速度最大化的同时还能维持高标准的框架。一套包括源代码控制、自动构建和测试套件、部署、监控，以及各种脚本的自动化，保证可测产品的可靠性，团队可以更高效地工作。

自动化测试包括哪些类型测试？图 5-15 是自动化测试的金字塔。

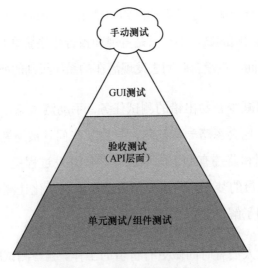

▲图 5-15　自动化测试的金字塔

　　金字塔中的各层次都会要求自动化，只是从底层到上层，自动化的比例逐渐降低。哪些类型的测试使用自动化会有较高的投资回报率（Return On Investment，ROI）呢？

　　在最底层的单元测试与组件测试中，根据测试驱动开发的要求，开发人员不仅会创建出比较优秀的回归测试套件，还会设计出高质量的、健壮的代码。根据持续集成的要求，单元测试自动化与持续集成要放在首要位置上。

　　中间层的 API 或 Web 服务测试偏向于软件的中间层，自动化的比例也比较高。如用 Ruby 来测试 Web 服务，脚本读取一个电子表格（用于保存输入值）的数据，并与另一个表格中的期望结果对比。如果业务测试人员不仅希望看到输入发生变化时哪些测试失败了，还希望看到发生了什么事情，那么采用半自动的交互方式来执行测试可以实现这一点。

　　在金字塔的顶层很少使用自动化，因为其测试的 ROI 很低。这些测试主要通过 GUI 完成。因为用户界面组件经常发生变化，所以这些测试用例也会经常发生变化。比如，仅重命名 HTML（Hyper Text Markup Language，超文本标记语言）元素就会导致测试脚本失败。而且通过用户界面进行操作也降低了测试的运行速度。GUI 测试套件的运行时间可能会达到几小时，而非单元测试的几分钟。作为测试人员，应尽最大可能减少该层上的测试数量。

　　GUI 测试可以再分解出底层测试，GUI 底层测试比 GUI 测试更易于自动化，测试更加稳定。同时因为测试是业务逻辑代码，所以无论是客户还是开发人员都能够理解。

　　对于变化迅速的 GUI 层，因为敏捷的快节奏，以及持续集成，所以每个迭代都要交付新的功能，原有 GUI 的回归测试也需要部分自动化。

　　注意：大多数回归测试必须是自动化的，但无论包含多少自动化测试，大多数系统仍然需要手动测试，比如，用户的验收测试，因此可以将这些放到金字塔尖。

　　自动化工作不仅包括自动化测试脚本，还包括编写简单的 Shell 脚本、配置会话属性和创建健壮的自动化测试等任务，如结果对比（即对于执行结果需要解析并以可读的格式将其展现出来，用脚本来比较输出文件要比手工要快捷准确），创建数据（即如果需要频繁地创建数据，那么请将该过程自动化）。另外，对于需要重复执行多次才能重现的 bug，也可以将测试过程自动化，这可以保证每次都能快速地看到结果。

5.3.6　探索性测试

探索性测试（Exploratory Testing，ET）是敏捷测试的重要测试方式。作为一个研究性的工具，探索性测试是用户故事测试和自动化回归测试的重要补充。

探索性测试要求同时设计测试和执行测试。探索性测试没有很多实际的测试方法、技术和工具，却是所有测试人员都应该掌握的一种测试思维方式，这种方式就是"科学且实时的测试"。

探索性测试没有预定义的测试脚本或用例，可以使测试超出各种明显已经测试过的场景。该测试将学习、测试设计和测试执行整合在一起，强调测试人员的主观能动性，抛弃繁杂的测试计划和测试用例设计过程，强调在碰到问题时及时改变测试策略。测试人员动手"做"的意义远远大于思考，而且探索性测试增加了测试人员对被测系统的了解。

探索性测试人员从测试目标开始，这些测试目标通常在项目早期由客户指定。探索性测试人员还可以根据检查列表、策略模型、覆盖大纲、风险列表进行指导。

那么什么时候使用探索性测试？测试人员可以在迭代开始阶段设计新测试的时候使用探索性测试，也可以在分析已执行测试结果的时候使用探索性测试。

需要注意的是，探索性测试不是随机测试。探索性测试从探索某个功能的某些方面开始，认真思考、分析结果，并将其与期望的或者相似的系统进行比较。只有在探索性测试过程中进行记录，才有可能重现某些问题。一般只有 "黑盒"测试人员才知道如何进行探索性测试。

探索性测试也不是仓促的测试，可能要求对特定的测试进行充分的准备，所以需要探索性测试人员多年积累的知识和技能。很多时候，测试人员在不经意间就使用了探索性测试。

　　例如，对一个文字编辑器的"配置"对话框进行测试。探索性测试人员会根据需求中的软件期望行为来设计测试，但是他们在记录想法时不会记下太多的细节。当看到对话框时，探索测试人员应该与其交互。当对话框呈现结果时，测试人员的注意力可能会转到对话框上的新问题或新风险上。如果两个设置并没有被现有的测试覆盖，那么它们会产生冲突吗？测试人员当场执行测试来研究这个问题。对话框是否存在可能干扰用户工作流的可用性问题？测试人员会迅速考虑一些用户和场景并评估问题的严重程度。单击 OK 按钮后是否有延迟呢？某些配置选项是否可能在其他平台上不可用？探索性测试人员注意到需要额外的测试并立即动手执行测试。在收到新的构建时，探索性测试人员不再重复以前的测试，而是着重于变化，目的是发现过去的测试遗漏的问题，这种方式总是富有成效的。

5.4　敏捷中测试人员的资质

　　在敏捷团队，开发人员和测试人员的职责不仅是完成某项开发或测试任务，还要负责软件产品的交付时间，保证产品的质量。敏捷团队的每一个成员都要关注交付具有业务价值的高质量的产品。敏捷测试人员的工作是保证团队交付给客户高质量的产品。在整个项目的实施过程中，使用了自动化测试、探索性测试等技术。为了适应敏捷的步伐，敏捷团队的测试类型和测试人员也发生了很多变化。

5.4.1　典型的测试类型

　　敏捷测试根据目的可分为不同类型的测试。测试的类别根据对团队的支持和技术视角可分为 4 个部分。敏捷测试的 4 个部分如图 5-16 所示。

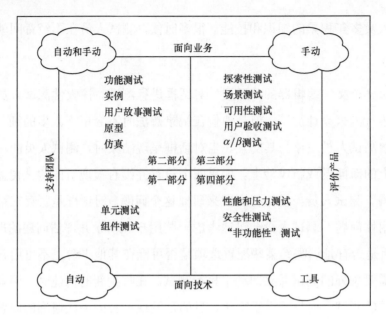

▲图 5-16　敏捷测试的 4 个部分

在左侧纵轴上，矩阵被分割为支持团队的测试和评价产品的测试。在右侧纵轴上，矩阵被分割为面向业务的测试和面向技术的测试。从图 5-16 中可以看出，用于评价产品的工具通常需要自动化。

第一部分的测试代表测试驱动开发，也称程序员测试。单元测试验证系统一小部分的功能，如一个对象或方法；而组件测试则验证系统较大部分的功能，如提供某些服务的一组类。这两类测试可确保产品的内部质量，减少遗留的技术性缺陷，可帮助程序员准确理解代码需要做什么及提供正确的指导。这两类测试还可帮助团队关注将要支付的用户故事。

第二部分的测试也代表支持团队的开发工作，但是在一个更高的层次上来确保产品的外部质量和满足客户的需要。这些测试也代表测试驱动开发，用例来源于客户团队提供的实例。该部分中的测试也需要自动化。

第二部分中面向业务的实例可帮助团队设计期望的产品，但是可能某些实例是错误的，业务专家可能遗漏了某些功能，团队可能误解了某些实例。所以，需要使用第三部分和第四部分中的测试来查看软件是否能满足期望。这些测试要尽力模仿真正用户使用的方式。

在第三部分中，用户验收测试给了客户一个测试新功能并了解其在未来需要什么变化的机会，这是获取新的用户故事的好方式。

可用性测试是指对软件的"可用性"进行评估，检验其是否达到可用性标准。通过可用性测试，可以了解人们如何使用系统。

场景测试是测试人员在业务用户的帮助下定义模拟最终用户行为的场景和工作流，执行端对端的测试。"肥皂剧测试"可以帮助团队理解业务和用户需求。也就是说，测试人员要基于真实的生活选择一个场景，以类似肥皂剧的方式夸大这个场景，考虑"最坏的可能是什么，它是如何发生的"。测试人员虽然经常"虚构"测试数据，但当测试不同的场景时，数据和流程都需要是真实的。可以请客户提供真实的样本数据，可以利用数据流或者过程流图来识别公共场景。

探索性测试是第三部分的重点。在探索性测试阶段，测试人员根据用户故事开始思考需要尝试的场景，并分析测试结果，随着了解的深入来发现新的探索领域。

第四部分中面向技术的测试用于评价产品的性能、健壮性和安全性，这对于其他类型的软件开发很重要，对于敏捷开发来说，也一样重要。

5.4.2　测试人员的主要职责

敏捷开发与传统开发的一个重要区别是敏捷的"整体团队运作"方式。在敏捷开发中，不只是测试人员或质量保证团队要为质量负责。敏捷不关心"部门"，只关心发布优秀产品所需的技能和资源。敏捷开发的重心是在一定时间内生产高质量的软件来最大化其业务价值，这是整个团队的工作。敏捷团队拥有专家，如专业测试人员，但并不是将特定的任务限定到特定的团队成员，而是任何团队成员都可以完成某些任务。敏捷团队负责的测试任务不仅包括自动化测试、手动探索性测试，还包括如何编写具有可测试性的代码。

　　既然敏捷团队里的每一个人都是测试人员，那么敏捷测试人员有什么特别之处吗？下面着重讲解测试人员在敏捷团队中执行的任务。

　　敏捷测试人员的定义如下：

　　专业的测试人员，适应变化，与技术人员和业务人员展开良好协作，并理解利用测试记录需求和驱动开发的思想。

　　敏捷测试人员具有优秀的技术能力，知道如何与他人合作以实现自动化测试。

　　敏捷测试人员应该按照以下标准要求自己。

- 提供持续反馈。敏捷测试人员的最大贡献之一是帮助产品负责人或者客户采用实例和测试的形式描述清楚每一个用户故事的需求。然后测试人员与团队将这些需求转化为可执行的测试。测试人员、开发人员和其他团队成员尽快运行这些测试，并不断接受有价值的反馈意见。测试人员可以通过人物卡提醒下一个用户故事中与客户合作完成的书面模型，也可以展示一幅包含每天思考如何设计、运行和通过测试的图片，还可以展示全局的测试矩阵和项目进展情况。

- 为客户创造价值。敏捷测试人员需要把握全局，在当前的迭代中发布最重要的功能，稍后再完善。如果过于关注边角功能，而忽略了核心功能，就无法提供业务所需的价值。

- 进行面对面沟通。团队人员如果分布于多个地方，沟通将更加重要和富有挑战性。敏捷测试人员应该尽力促进沟通，每当讨论一项功能如何运转或者一个接口如何定义时，测试人员都可以与开发人员和业务专家进行沟通。敏捷测试人员要从客户的角度思考每一个故事，理解与功能相关的技术和存在的局限。敏捷测试人员可以帮助客户和开发人员达成共识。业务人员和软件人员经常使用不同的语言，敏捷测试人员可以帮助他们进行沟通。面对面沟通是不可替代的。如果客户和开发人员在不同的地点，测试人员会寻找创造性的方式代替面对面、实时的交流。

- 有勇气。敏捷测试人员不再固守于自己的领域，要有勇气解决大量的问题。比如，如何才能在如此短的时间内完成对每一个用户故事的测试？测试如何跟上开发的节奏？如何确定需要多少测试？如何面对短暂性的失败？

- 保持简单化。敏捷测试人员面临的挑战是不仅要生产简单、有效的软件，而且要采取简单的方法确保软件符合客户需求。曾要求有些测试人员确定质量标准，实际上，应该由客户团队来决定其想要达到的质量标准。而测试人员和其他团队成员应该向客户提供信息并帮助他们全面考虑质量问题，包括非功能性需求，如性能和安全，最终由客户确认。但是简单不意味着容易。对于测试人员来说，简单意味着采用最轻量级的工具和技术恰到好处地进行测试。工具甚至可以简单到只是一张电子表格或者清单。

- 持续改进。敏捷测试人员应该尽最大能力把工作做得更出色，要参加团队总结会，评估做得好的方面和需要改进的方面。敏捷测试人员要把问题放到整个团队中去解决。对于严重的问题，团队一次只关注 1～2 个，以确保彻底解决。学习新技能和提高专业技能对于敏捷测试人员非常重要。敏捷测试人员利用总结回顾会议提出与测试相关的问题并要求团队集思广益，这种方式使团队通过自我反馈得到持续改进。

- 响应变化。在瀑布开发模式中，团队习惯说"抱歉，我们现在不能更改，需求被冻结了"；而在为期两周的敏捷迭代中，团队的反应是"好的，先在卡片上记录下来，并在下一个迭代或者版本中实现"。响应变化体现了敏捷实践的重要价值，但对于测试人员来说，持续的需求变化是测试人员的噩梦。只要测试人员持续与客户交流，就能响应客户的变化。敏捷团队可以尝试提前准备下一次迭代，比如，编写高层次的测试用例、捕捉业务满足条件或者记录示例。如果故事的优先级发生变化，则这个行为就浪费了时间，团队也需要适应这个变化。自动化测试是一个关键的解决方案。

- 关注人。在软件开发的历史上，测试人员并不始终和开发团队的其他角色处于平等地位。而敏捷团队的所有成员是平等的。敏捷开发团队认识到，如果要更加成功，那么团队需要拥有测试技能和测试背景的人。如熟练的探索性测试人员可能会发现自动化功能测试无法察觉的问题，测试经验丰富的工程师会提出其他人想不到的重要问题。

敏捷测试人员在一个完整迭代中的工作流程如下。

（1）完成在发布或主题计划阶段的工作。敏捷开发的目的就是避免"事先做大设计"，但是每个团队都会制订发布计划，让开发人员和客户全面考虑所有功能及其影响，明确职责，从更高的角度看待测试，考虑测试是否需要更多的资源，比如测试环境、相关软件等。敏捷测试人员在评估用户故事时，会关注全局，快速指出某个故事可能引起的系统其他部分的连锁反应。敏捷测试人员找出薄弱环节和关键路径，这有助于为故事设定优先级。同时，敏捷测试人员预估可能的影响，预留时间和资源以进行额外的测试，保证基础设施、测试环境和测试数据的到位。

（2）做好迭代前的准备。迭代前如果需要准备，则测试人员可以帮助客户使故事的期望达成一致，将新的或不常见的功能形成测试策略。

（3）完成迭代规划。测试人员通过询问和考虑所有要测试的点帮助团队理解故事，准确评估任务卡片，编写高层次测试代码。

（4）在迭代期间，测试人员与开发人员、客户和其他团队成员紧密合作，通过小的测试→编码→回顾→测试的增量来产生故事。测试先行于开发，从编码开始，根据用户故事编写简单的测试驱动开发用例。当简单测试通过时，再编写更复杂的测试用例。

注意：让客户贯穿整个迭代周期，尽早让客户参与并经常让客户进行审查。

5.5　常用协作工具

敏捷团队要想成功，就必须借助工具。针对敏捷测试的 4 个部分中的面向技术和面向产品两个方面，本节介绍常用的协作工具。

1. 面向技术的测试工具

面向技术的测试工具就是利用工具构建合适的基础架构来支持面向技术的测试。以下几类工具都属于面向技术的测试工具。

- 源代码控制工具。源代码控制工具也称版本控制工具。敏捷团队利用该工具管理程序的源代码和自动化测试脚本。该工具可以存储产品代码、相应的单元测试和高层次的测试脚本。其中的开源工具（如 CVS 和 Subversion）容易使用。商业工具包括 IBM 公司的 Rational ClearCase 和 Perforce。

- 集成开发环境（Integrated Development Environment，IDE）。IDE 可以给开发人员和测试人员的工作提供支持，尤其是提供重构的支持。敏捷团队广泛使用的 IDE 包括开源 IDE（如 Eclipse 和 NetBeans）以及商业系统（如 Visual Studio）。测试人员可以通过 IDE 运行单元测试并构建。

- 构建自动化工具。持续集成是敏捷团队的核心工作。测试人员不但构建项目，而且对每个构建项目进行自动化测试，每天运行多次自动化构建很关键。通过自动化构建，可以轻松部署代码、进行测试以及发布产品。广泛使用的开源工具有 CruiseControl、CruiseControl.net、CruiseControl.rb 和 Hudson。

- 单元测试工具。单元测试工具与编程语言相关。敏捷团队使用比较广泛的是 xUnit 系列工具，不同的编程语言有不同的单元测试工具，如 Java 的 JUnit、.NET 的 NUnit、Perl 和 Rubi 的 Test Unit 以及 Python 的 PyUnit 工具。客户端的 GUI 代码的单元测试工具包括 TestNG、Abbot 和 SWTBot。编写测试桩可以使用 EasyMock 和 RubyMock 等工具。

2. 面向业务的测试工具

在敏捷团队，通过相应的工具帮助我们获取示例以编写测试代码。以下将展示部分面向业务的测试工具和一些策略。

- 编写示例和需求的工具。核对表能确保考虑了故事所影响的所有事情，可以包括故事对业务的影响；思维导图可以有效地发现在普通的头脑风暴中发现不了的问题；模型也是一种比较实用的工具，在开始编写代码前创建和讨论模型，而不是提前数周或数月，这样可以确保了解客户当前的需求；电子表格、流程图这类大众工具也可以作为一种选择。敏捷团队一个很好的实践是自己开发工具，如利用 Fit 和 FitNesse 开发工具，迭代开始后，团队所有人都要编写验收测试用例。FitNesse 是验收测试框架，使用场景可以把最常用的测试步骤封装起来，从而将 FitNesse 测试用例模块化。

- 基于示例自动化测试的工具。单元测试工具在面向技术的测试工具中已经描述过。API 级别的功能测试工具包括 Fit 和 FitNesse。Fit 是集成测试的框架，有助于提炼需求，让客户、测试人员和开发人员使用示例描述期望的系统行为。当测试运行时，Fit 会自动比较客户的预期和实际结果。FitNesse 是一个基于 Fit 的 Web 服务器、Wiki 以及软件测试工具。它与 Fit 的区别在于 FitNesse 的测试用例是通过 Wiki 标记符而不是 HTML 表格编写的。测试 Web 服务的工具还包括 CrossCheck、RubyTest、Unit、SoapUI 等。测试 GUI 工具同样是一种测试驱动开发。可以在编码完成之前完成 GUI 自动化测试。

- 录制回放工具。开源的 GUI 测试工具可以编写脚本模拟人类操作 Web 应用。这些工具包括 Watir（一款简单的开源 Ruby 库，用于支持自动化 Windows 上的 IE 浏览器上的测试）、WebTest（测试用例用 XML 文件描述）。